2cm

?cm

みなさんは 「2cmの 3ばいは 何cmですか。」のような ばいの 計算は とくいですか。

これから、この本で、2年生から 4年生で 学ぶ ばいの 計算と 割合の もんだいを 考えて いきましょう。

割合は 5年生で しっかり 学ぶ ことに なりますが、割合の もんだいを むずかしいと 思う 人が たくさん います。

割合の きそに なる 「ばいの 計算」を しっかり みに つけましょう。

【こんな 人に おすすめ】

2～4年生

ばいの 計算が わからない。

5・6年生

割合が わからない。

もし、わからなく なったら、少し 前の もんだいに もどって、もう いちど やり直して みましょう。

「2cmの　3ばいは　何cmですか。」の　答えを　もとめて　みましょう。

しき　2×3＝6　　　　答え　6cm

このとき、「2cm」、「6cm」、「3ばい」と　いう　3つの　かんけいを　考えて　みましょう。
図に　かくと、下のように　なります。

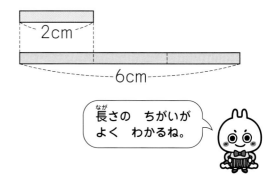

長さの　ちがいが　よく　わかるね。

また、矢じるしの　図に　かくと、下のように　なります。

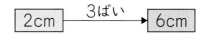

「2cmの　3ばいは　6cm」と　いう　ことばや、
「2×3＝6」と　いう　しきに　かきやすい　図に　なります。
このように　2つの　りょうと　ばいの　かんけいが　わかれば、答えを　もとめる　ことが　できます。

1 九九 ①

1 つぎの　計算を　しましょう。　　　　54点(1つ3)

① 4×3　　　　　② 2×5

③ 7×2　　　　　④ 1×6

⑤ 2×9　　　　　⑥ 4×8

⑦ 5×6　　　　　⑧ 8×3

⑨ 3×5　　　　　⑩ 9×1

⑪ 8×7　　　　　⑫ 7×4

⑬ 1×1　　　　　⑭ 3×2

⑮ 6×4　　　　　⑯ 5×9

⑰ 9×8　　　　　⑱ 6×7

❷ つぎの 計算を しましょう。

① 5×5

② 3×6

③ 2×8

④ 4×9

⑤ 7×1

⑥ 8×8

⑦ 4×4

⑧ 6×2

⑨ 1×3

⑩ 5×7

⑪ 6×9

⑫ 2×1

⑬ 9×7

⑭ 3×3

⑮ 2×2

⑯ 5×8

⑰ 4×5

⑱ 9×3

⑲ 3×7

⑳ 1×4

㉑ 8×6

㉒ 7×7

㉓ 9×9

🐺 まちがえた もんだいが あったら、その だんの 九九を しっかり おぼえよう。

4

2 九九 ②

1 つぎの　計算を　しましょう。　　　　54点(1つ3)

① 2×3　　　　　　　　② 4×2

③ 3×4　　　　　　　　④ 8×5

⑤ 5×1　　　　　　　　⑥ 1×9

⑦ 4×6　　　　　　　　⑧ 2×7

⑨ 6×5　　　　　　　　⑩ 5×4

⑪ 1×7　　　　　　　　⑫ 3×8

⑬ 9×2　　　　　　　　⑭ 6×1

⑮ 8×9　　　　　　　　⑯ 7×3

⑰ 7×8　　　　　　　　⑱ 9×6

❷ つぎの 計算を しましょう。

① 5×2　　　　　② 2×6

③ 6×3　　　　　④ 4×1

⑤ 7×5　　　　　⑥ 3×9

⑦ 9×4　　　　　⑧ 8×2

⑨ 1×8　　　　　⑩ 5×3

⑪ 6×6　　　　　⑫ 1×2

⑬ 3×1　　　　　⑭ 4×7

⑮ 8×7　　　　　⑯ 9×5

⑰ 4×3　　　　　⑱ 8×4

⑲ 2×4　　　　　⑳ 7×6

㉑ 7×9　　　　　㉒ 6×8

㉓ 9×8

正かくに 九九を いえるように、くりかえし れんしゅうしよう。

❶ 2cm の　3ばいの　長さは　何cm ですか。

20点(□4・しき8・答え8)

① □に　あてはまる　数を　かきましょう。

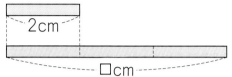

2cm の　3ばいは、2cm の　□　つ分と　同じです。

② かけ算の　しきに　かいて、答えを　もとめましょう。

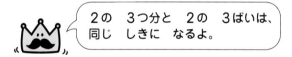

2の　3つ分と　2の　3ばいは、
同じ　しきに　なるよ。

しき　2×3＝6

答え（　　　　　　）

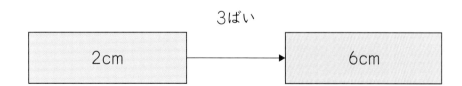

3ばい

| 2cm | → | 6cm |

「2cm の　3ばいは　6cm」は、上のような
矢じるしの　図に　かく　ことが　できるよ。

❷ かけ算の しきに かいて、答えを もとめましょう。 80点(しき8・答え8)

① 4cm の 2ばいの 長さは 何cm ですか。

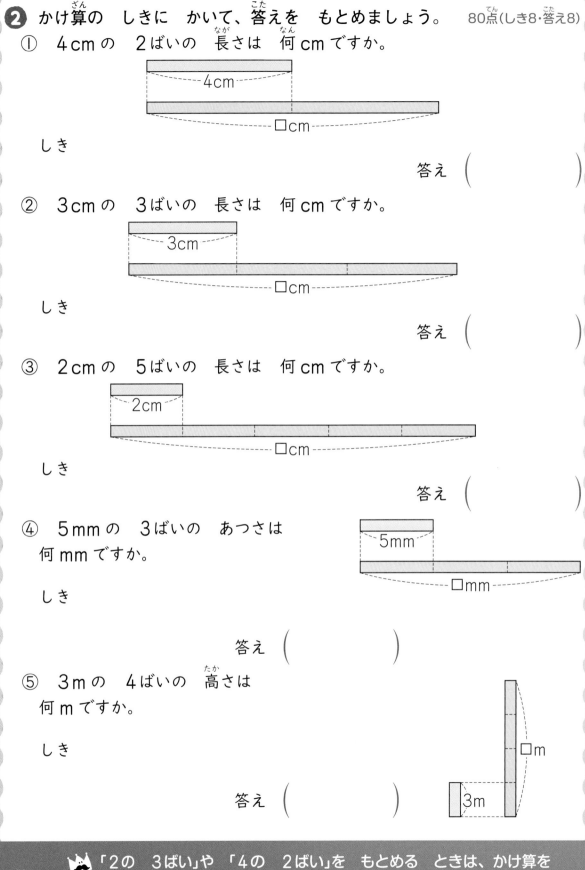

しき

答え （　　　　　　　）

② 3cm の 3ばいの 長さは 何cm ですか。

しき

答え （　　　　　　　）

③ 2cm の 5ばいの 長さは 何cm ですか。

しき

答え （　　　　　　　）

④ 5mm の 3ばいの あつさは 何mm ですか。

しき

答え （　　　　　　　）

⑤ 3m の 4ばいの 高さは 何m ですか。

しき

答え （　　　　　　　）

「2の 3ばい」や 「4の 2ばい」を もとめる ときは、かけ算を つかうよ。

4 何ばいと かけ算 ②

月 日	時 分〜	時 分
名前		
		点

❶ かけ算の しきに かいて、答えを もとめましょう。　36点(しき6・答え6)

① りんごが 3こ あります。みかんの 数は、りんごの 数の
7ばいです。みかんは 何こ ありますか。

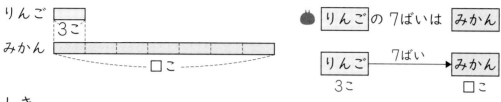

しき

答え (　　　　　)

② バスが 9台 とまって います。タクシーの 数は、バスの 数の
6ばいです。タクシーは 何台 とまって いますか。

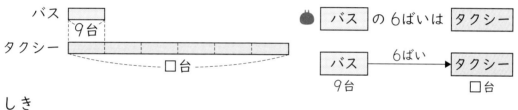

しき

答え (　　　　　)

③ ポットに はいる 水の かさは、水とうに はいる 水の かさの
5ばいです。水とうには 8dLの 水が はいります。ポットには
何dLの 水が はいりますか。

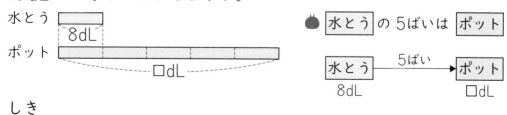

しき

答え (　　　　　)

1つ分の 数は……

9

❷ かけ算の しきに かいて、答えを もとめましょう。 64点(しき8・答え8)

① 赤い かさが 7本 あります。青い かさの 数は、赤い かさの
数の 4ばいです。青い かさは 何本 ありますか。
しき

🦀 | 赤 | の 4ばいは | 青 |

| 赤 | —4ばい→ | 青 |
7本　　　　　　　□本

答え（　　　　　　　）

② 色紙 1まいの ねだんは 4円です。画用紙 1まいの ねだんは、
色紙 1まいの ねだんの 5ばいです。画用紙 1まいの ねだんは
何円ですか。
しき

🦀 | 色紙 | の 5ばいは | 画用紙 |

| 色紙 | —5ばい→ | 画用紙 |
4円　　　　　　　　□円

答え（　　　　　　　）

③ 青い リボンの 長さは、白い リボンの 長さの 9ばいです。白い
リボンの 長さが 2mの とき、青い リボンの 長さは 何mですか。
しき

答え（　　　　　　　）

④ 公園に いる 子どもの 数は、おとなの 数の 6ばいです。
おとなは 5人 います。子どもは 何人 いますか。
しき

答え（　　　　　　　）

🐻 2つの りょうと ばいの かんけいを りかいしよう。

5 分数 ①

❶ 下のように、おり紙を　半分に　おりました。　30点(①1つ10、②10)

① ⑦は、もとの　大きさの　どんな
大きさに　なりましたか。□に
あてはまる　数や　ことばを
かきましょう。

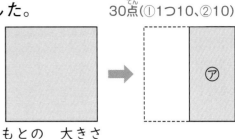

もとの　大きさ

もとの　大きさを　同じ　大きさに　２つに　分けた　１つ分を、

もとの　大きさの　二分の一と　いい、$\frac{1}{2}$　と　かきます。

このような　数を　分数 と　いいます。

② ⑦の　大きさの　いくつ分が、もとの　おり紙の　大きさに　なりますか。

(　　　　　　　)

⑦の　大きさは、もとの　大きさの　$\frac{1}{2}$、
もとの　大きさは、⑦の　大きさの　２ばいとも　いえるね。

❷ 下のように、おり紙を　半分に　おって、また、それを　半分に
おりました。

20点(1つ10)

① ⑦は、もとの　大きさの　どんな
大きさに　なりましたか。分数で
かきましょう。

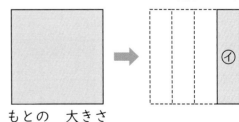

もとの　大きさ

(　　　　　　　)

② ⑦の　大きさの　いくつ分が、もとの　おり紙の　大きさに　なりますか。

(　　　　　　　)

③ 色の ついた ところが、もとの 大きさの $\frac{1}{2}$に なって いる
ものは、㋐、㋑、㋒の うち どれですか。　　　20点(1つ10)

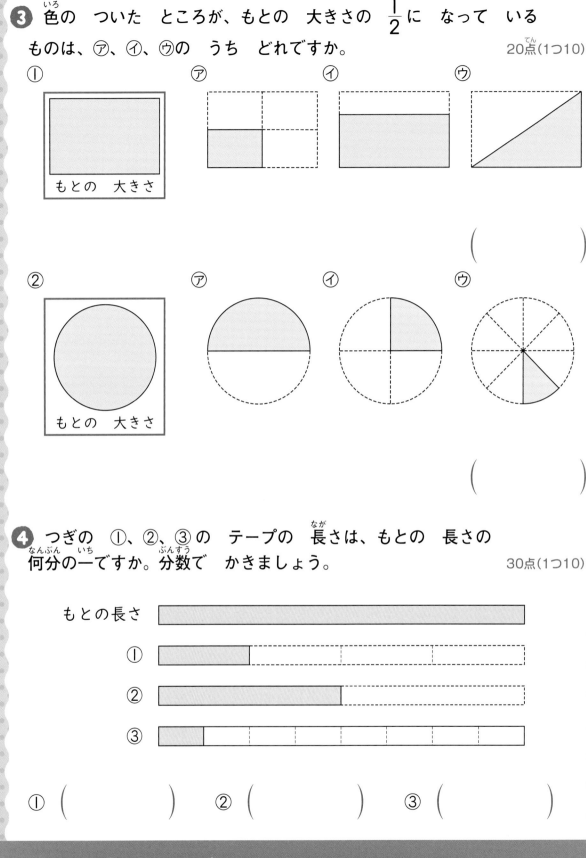

① もとの 大きさ　㋐　㋑　㋒

(　　　　　)

② もとの 大きさ　㋐　㋑　㋒

(　　　　　)

④ つぎの ①、②、③の テープの 長さは、もとの 長さの
何分の一ですか。分数で かきましょう。　　　30点(1つ10)

もとの長さ

①

②

③

①(　　　　)　②(　　　　)　③(　　　　)

$\frac{1}{2}$と 2ばい、$\frac{1}{4}$と 4ばいの かんけいが わかったかな。

月 日　時 分〜 時 分
名前
点

1 色の ついた ところの 大きさは、もとの 大きさの 何分の一ですか。分数で かきましょう。

20点(1つ5)

① 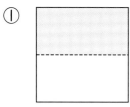　（　　　　）

② 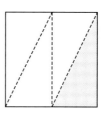　（　　　　）

③ 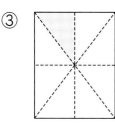　（　　　　）

④ 　（　　　　）

2 ⑦の テープは、ある テープを 同じ 長さに 3つに 分けた 1つ分で、もとの 長さの $\frac{1}{3}$ です。もとの 長さの テープは、どれですか。①、⑦、①の 中から えらびましょう。

20点

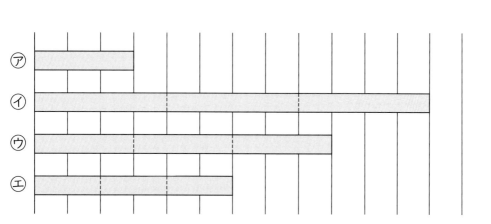

（　　　　）

❸ 1ぱこ 6こ入りの ボールと、1ぱこ 24こ入りの ボールが あります。図を 見て、□に あてはまる 数を かきましょう。

① 6この $\frac{1}{2}$の 大きさは、

6こを よこに 2つに 分けた 1つ分と

考えると、 3 こに なります。

3 こを 2ばいすると、6こに なります。

② 6この $\frac{1}{3}$の 大きさは、

6こを たてに 3つに 分けた 1つ分と

考えると、 2 こに なります。

2 こを 3ばいすると、6こに なります。

③ 24この $\frac{1}{3}$の 大きさは、

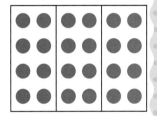

24こを たてに 3つに 分けた 1つ分と

考えると、 8 こに なります。

8 を 3ばいすると、24こに なります。

②と ③では、$\frac{1}{3}$の 大きさが ちがうけど……

もとの 大きさが ちがうと、
$\frac{1}{2}$や $\frac{1}{3}$の 大きさも ちがいます。

もとの 大きさを 同じ 大きさに 3つに 分けた 1つ分を、
もとの 大きさの 三分の一と いい、$\frac{1}{3}$と かくよ。

$\frac{1}{3}$③①②

7 まとめの テスト

1 つぎの 計算を しましょう。　　　　　16点（1つ4）

① 3×2

② 6×7

③ 8×4

④ 9×5

2 かけ算の しきに かいて、答えを もとめましょう。　48点（しき6・答え6）

① 5cm の 4ばいの 長さは 何cm ですか。
しき

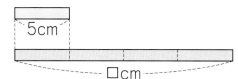

答え （　　　　　　　）

② 2L の 8ばいの かさは 何L ですか。
しき

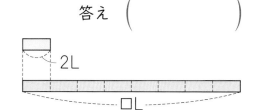

答え （　　　　　　　）

③ ふうとうが 4まい あります。切手の 数は、ふうとうの 数の 6ばいです。切手は 何まい ありますか。
しき

答え （　　　　　　　）

④ 黒い 金魚の 数は、赤い 金魚の 数の 9ばいです。赤い 金魚の 数が 7ひきの とき、黒い 金魚の 数は 何びきですか。
しき

答え （　　　　　　　）

15

3 色の ついた ところの 大きさは、もとの 大きさの 何分の一ですか。
分数で かきましょう。

12点(1つ6)

①

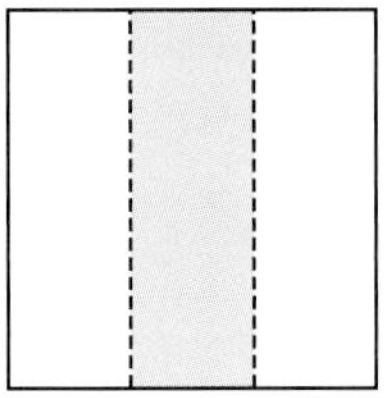

(　　　　　)

②

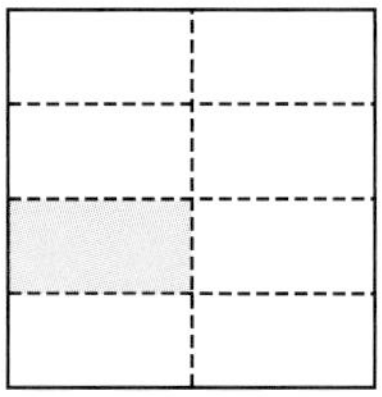

(　　　　　)

4 長さの ちがう 4つの リボンを ならべました。

24点(1つ6)

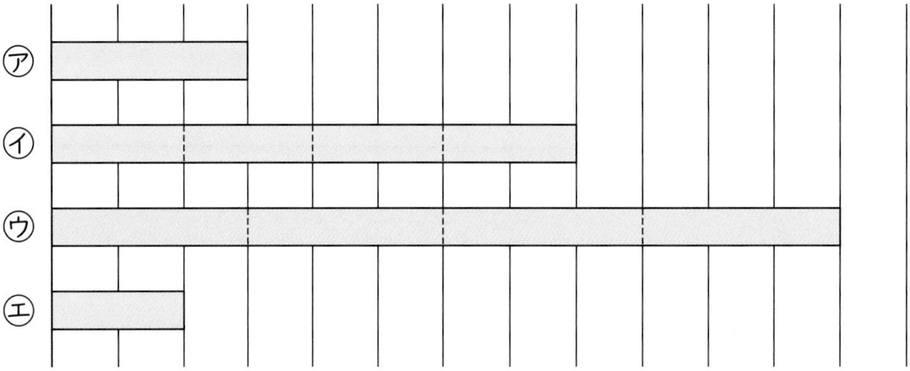

① ㋐の リボンの 4ばいの 長さに なって いる ものは どれですか。
㋑、㋒、㋓の 中から えらびましょう。

(　　　　　)

② ㋓の リボンの 長さは、㋑の リボンの 長さの 何分の一ですか。
分数で かきましょう。

(　　　　　)

③ ㋓の リボンの 長さの 何ばいが、㋑の リボンの 長さに
なりますか。

(　　　　　)

④ ㋐の リボンの 長さが 3cm の とき、㋒の リボンの 長さは
何cm ですか。

(　　　　　)

あおいさんがもっているえん筆の数は、妹の数の４倍で１２本です。妹のえん筆の数は何本ですか。

もとめられますか。

倍の計算だから、１２×４だよ。

ホントですか？

ホントです。

じしんあり

妹 □本 →4倍→ あおい 12本

ホントに、ホントですか？

あれ～～！

数りょうのかん係がわかるともとめられますね。

□×4＝12だから、□は３になるね。

なるほど！

　問題文が長いときは、数りょうのかん係を、頭の中でイメージできないことがあるかもしれません。そんなときは、図にかいてみましょう。

　左の問題を図にかくと、次のようになります。

妹 □本 →4倍→ あおい 12本

　ことばでは、「□の４倍 は１２」
　式にかくと、「□× ４ ＝ 12」
になります。

　□×4＝12の□にあてはまる数をもとめると、□＝３になります。

　図にかくときは、何を□にするのかを考えることがたいせつです。

妹 3本 →□倍→ あおい 12本

妹 3本 →4倍→ あおい □本

どこに□があっても、もとめられるね。

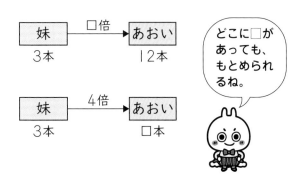

17

3つの数りょうと倍のかん係を考えるときは、数りょうがたくさんあってたいへんです。

姉の数を、次の2とおりの計算のしかたでもとめてみましょう。

1　あおいさんの数をもとめてから、姉の数をもとめる。

$$3×4＝12　　（3本の4倍）$$
$$12×2＝24　　（12本の2倍）$$

2　姉の数は、妹の数の何倍になるかを考えてからもとめる。

$$4×2＝8　　（4倍の2倍）$$
$$3×8＝24　　（3本の8倍）$$

答えはどちらも24本になります。また、2の考え方を矢じるしの図に表すと、下のようになります。

3つの数りょうで考えるのがむずかしい場合は、2つの数りょうで考えてみましょう。

月　日　時　分〜　時　分
名前
点

1 かごに赤い玉が2こ、白い玉が8こはいっています。白い玉の数は、赤い玉の数の何倍ですか。

40点(□全部できて20・式10・答え10)

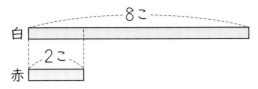

① 次の図や文の □ にあてはまることばや数をかきましょう。

赤 の□倍は 白
↓
2この□倍は 8こ

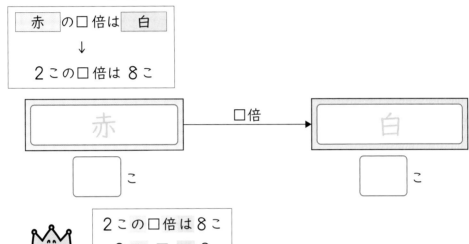

□ こ　　　　　　□ こ

2この□倍は8こ
2 × □ = 8

2この□倍は8こだから、2×□=□ の□にあてはまる数をもとめることになります。

② 何倍かをもとめる式にかいて、答えをもとめましょう。

□倍
2こ　　　8こ

2この何倍かをもとめることは、2この何こ分かをもとめることです。

 8こから2こずつとっていくと、何セットできるかと同じだから……

わり算だね。

式　8 ÷ 2 =

答え（　　　　　　　）

2 クリップの長さは4cm、えん筆の長さは12cmです。えん筆の長さは、クリップの長さの何倍ですか。

30点(□全部できて10・式10・答え10)

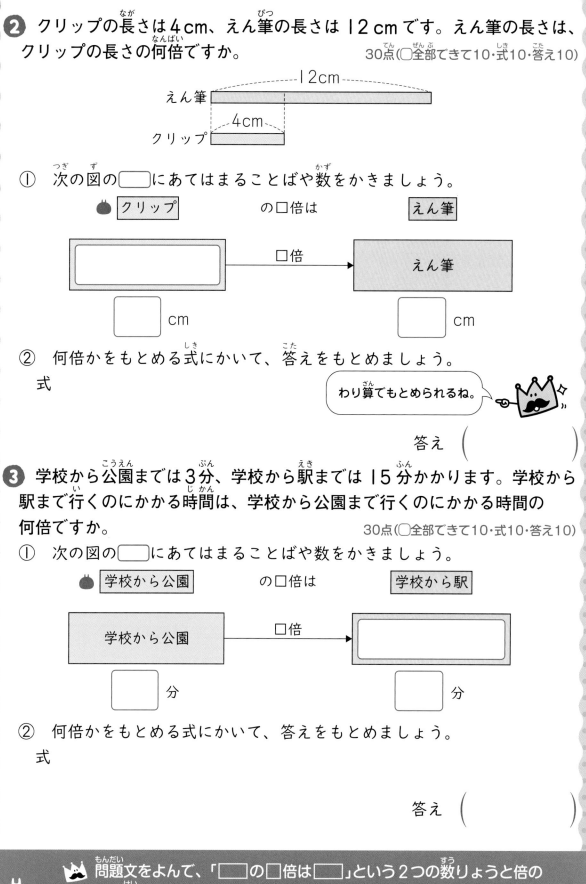

① 次の図の□にあてはまることばや数をかきましょう。

🍓 クリップ の□倍は えん筆

| | □倍 → | えん筆 |

□ cm   □ cm

② 何倍かをもとめる式にかいて、答えをもとめましょう。

式

わり算でもとめられるね。

答え (   )

3 学校から公園までは3分、学校から駅までは15分かかります。学校から駅まで行くのにかかる時間は、学校から公園まで行くのにかかる時間の何倍ですか。

30点(□全部できて10・式10・答え10)

① 次の図の□にあてはまることばや数をかきましょう。

🍓 学校から公園 の□倍は 学校から駅

| 学校から公園 | □倍 → | |

□ 分   □ 分

② 何倍かをもとめる式にかいて、答えをもとめましょう。

式

答え (   )

👑 問題文をよんで、「□□□の□倍は□□□」という2つの数りょうと倍のかん係をみつけよう。

月 日　時 分〜 時 分

名前

点

❶ 赤い色紙が6まい、青い色紙が30まいあります。青い色紙の数は、
赤い色紙の数の何倍ですか。

25点（□全部できて5・式10・答え10）

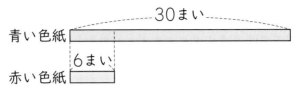

青い色紙

赤い色紙

① 次の図の□にあてはまることばや数をかきましょう。

🍅 赤 の□倍は 青

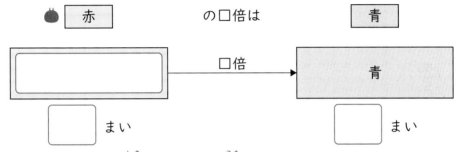

□倍 → 青

　まい　　　　　　　　　　　　　　　　まい

② 何倍かをもとめる式にかいて、答えをもとめましょう。

式

答え（　　　　　　　）

❷ そらさんは本を7さつ、お父さんは42さつもっています。お父さんの
本の数は、そらさんの本の数の何倍ですか。　25点（□全部できて5・式10・答え10）

① 次の図の□にあてはまることばや数をかきましょう。

🍅 そら の□倍は お父さん

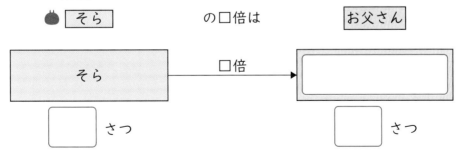

そら □倍 →

　さつ　　　　　　　　　　　　　　　　さつ

② 何倍かをもとめる式にかいて、答えをもとめましょう。

式

答え（　　　　　　　）

❸ あめ１このねだんは５円、ラムネ１このねだんは 50 円です。ラムネ１このねだんは、あめ１このねだんの何倍ですか。　25点(□全部できて5・式10・答え10)

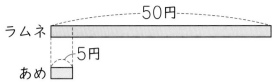

① 次の図の□にあてはまることばや数をかきましょう。

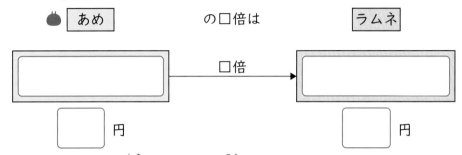

② 何倍かをもとめる式にかいて、答えをもとめましょう。

式

答え（　　　　　　）

❹ バケツには２L、水そうには 60 L の水がはいります。水そうにはいる水のかさは、バケツにはいる水のかさの何倍ですか。

25点(□全部できて5・式10・答え10)

① 次の図の□にあてはまることばや数をかきましょう。

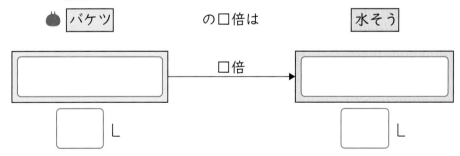

② 何倍かをもとめる式にかいて、答えをもとめましょう。

式

答え（　　　　　　）

図にかけないときは、「何倍」を□倍として考えてみよう。
また、２つの数りょうのどちらが大きいかも考えよう。

月　日　時　分～　時　分
名前
点

❶ なわとびを、弟は 7 回、お兄さんは 56 回とびました。お兄さんがとんだ回数は、弟がとんだ回数の何倍ですか。

15点(□全部できて5・式5・答え5)

① 次の図の◯◯にあてはまることばや数をかきましょう。

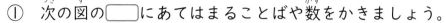

🍅 弟　　　　　　　　の□倍は　　　　　　お兄さん

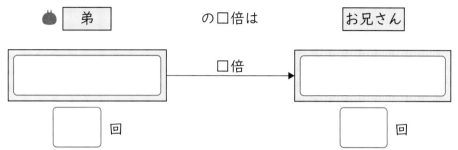

□倍

□ 回　　　　　　　　　　　　　　　□ 回

② 何倍かをもとめる式にかいて、答えをもとめましょう。

式

答え（　　　　　　）

❷ 黒い金魚が 54 ひき、赤い金魚が 9 ひきいます。黒い金魚の数は、赤い金魚の数の何倍ですか。

15点(□全部できて5・式5・答え5)

① 次の図の◯◯にあてはまることばや数をかきましょう。

🍅 赤　　　　　　　の□倍は　　　　　　黒

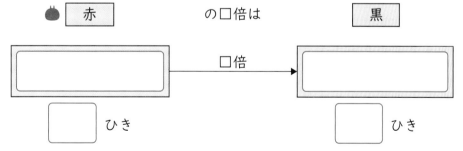

□倍

□ ひき　　　　　　　　　　　　　□ ひき

② 何倍かをもとめる式にかいて、答えをもとめましょう。

式

答え（　　　　　　）

❸ アルミかんを4こ、スチールかんを28こ集めました。集めたスチール
かんの数は、アルミかんの数の何倍ですか。　　　　　14点(式7・答え7)

式

答え（　　　　　　　　）

❹ 画用紙が8まい、色紙が72まいあります。色紙の数は、画用紙の数の
何倍ですか。　　　　　14点(式7・答え7)

式

答え（　　　　　　　　）

❺ 青いリボンが55m、白いリボンが5mあります。青いリボンの長さは、
白いリボンの長さの何倍ですか。　　　　　14点(式7・答え7)

式

答え（　　　　　　　　）

❻ 小のおもりは1こ4g、大のおもりは1こ48gです。大のおもり1この
重さは、小のおもり1この重さの何倍ですか。　　　　　14点(式7・答え7)

式

答え（　　　　　　　　）

❼ 校庭に、子どもが69人、先生が3人います。子どもの数は、先生の数の
何倍ですか。　　　　　14点(式7・答え7)

式

答え（　　　　　　　　）

「□の□倍は□」という2つの数りょうと倍のかん係をみつけてから、
答えをもとめよう。

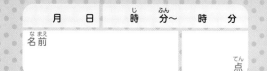
❶ 青いリボンの長さは、赤いリボンの長さの5倍で 10 m です。赤いリボンの長さは何 m ですか。

40点(□全部できて20・式10・答え10)

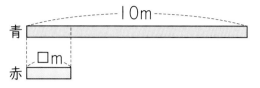

① 次の図や文の □ にあてはまることばや数をかきましょう。

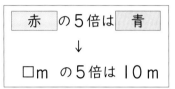

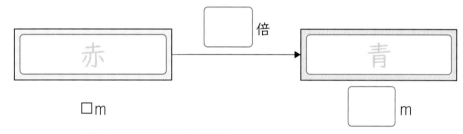

　□m の5倍は 10 m だから、□×5= □ の□にあてはまる数を

もとめることになります。

② 何 m かをもとめる式にかいて、答えをもとめましょう。

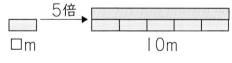

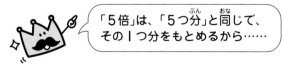

式　10 ÷ 5 =

答え（　　　　　　　）

❷ みおさんがおったツルの数は、弟がおった数の2倍で6羽です。弟が
おったツルの数は何羽ですか。

30点（□全部できて10・式10・答え10）

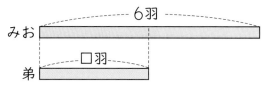

① 次の図の□にあてはまることばや数をかきましょう。

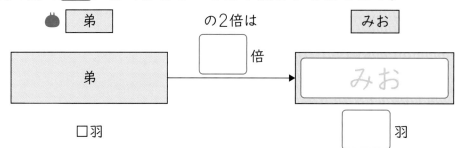

② 何羽かをもとめる式にかいて、答えをもとめましょう。

式

わり算でもとめられるね。

答え（　　　　　　）

❸ 大阪から北海道まで、電車で行くと、ひこうきで行く時間の6倍で
12時間かかります。ひこうきでは何時間かかりますか。

30点（□全部できて10・式10・答え10）

① 次の図の□にあてはまることばや数をかきましょう。

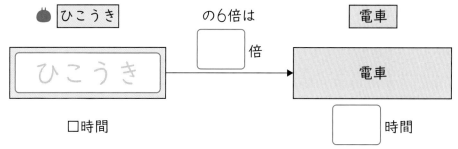

② 何時間かをもとめる式にかいて、答えをもとめましょう。

式

答え（　　　　　　）

 図にかいて、「□の□倍は□」という2つの数りょうと倍のかん係を
みつけよう。

12 何倍でしょう⑤

❶ えん筆の長さは、消しゴムの長さの3倍で15cmです。消しゴムの長さは何cmですか。

25点(□全部できて5・式10・答え10)

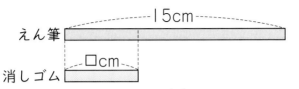

① 次の図の□にあてはまることばや数をかきましょう。

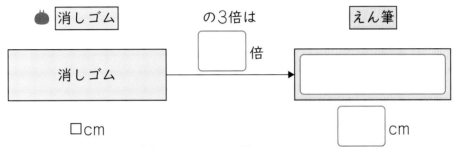

② 何cmかをもとめる式にかいて、答えをもとめましょう。

式

答え（　　　　　　）

❷ なおさんの体重は、妹の4倍で36kgです。妹の体重は何kgですか。

25点(□全部できて5・式10・答え10)

① 次の図の□にあてはまることばや数をかきましょう。

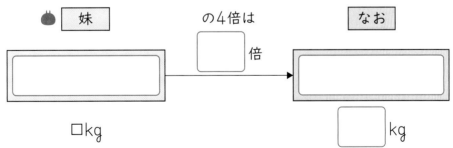

② 何kgかをもとめる式にかいて、答えをもとめましょう。

式

答え（　　　　　　）

❸ バレーボールの数は、サッカーボールの数の2倍で 20 こです。
サッカーボールの数は何こですか。 25点(□全部できて5・式10・答え10)

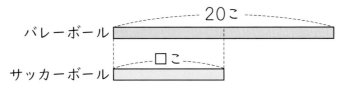

バレーボール

サッカーボール

① 次の図の ⬚ にあてはまることばや数をかきましょう。

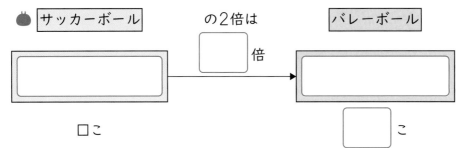

② 何こかをもとめる式にかいて、答えをもとめましょう。

式

答え（　　　　　　　　）

❹ グミ1ふくろのねだんは、あめ1このねだんの4倍で 80 円です。
あめ1このねだんは何円ですか。 25点(□全部できて5・式10・答え10)

① 次の図の ⬚ にあてはまることばや数をかきましょう。

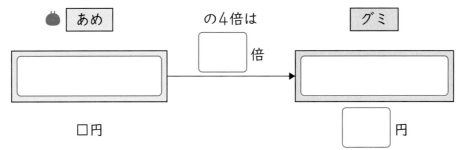

② 何円かをもとめる式にかいて、答えをもとめましょう。

式

答え（　　　　　　　　）

矢じるしの図の左がわの数りょうをもとめるときは、わり算を使うよ。

	月　　日	時　分〜　時　分
名前		点

① 箱の中のりんごの数は、かごの中のりんごの数の4倍で 16 こです。
かごの中のりんごの数は何こですか。

15点(□全部できて5・式5・答え5)

① 次の図の □ にあてはまることばや数をかきましょう。

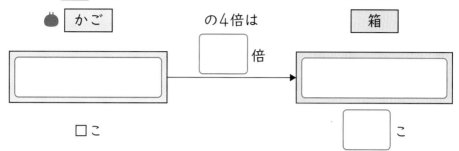

かご　の4倍は　箱
□こ　倍　こ

② 何こかをもとめる式にかいて、答えをもとめましょう。

式

答え （　　　　　）

② 白いペンキのかさは、赤いペンキのかさの5倍で 30 L です。赤いペンキ
のかさは、何 L ですか。

15点(□全部できて5・式5・答え5)

① 次の図の □ にあてはまることばや数をかきましょう。

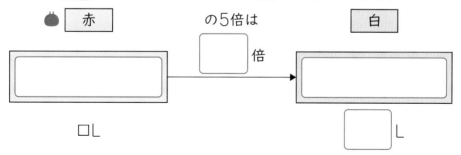

赤　の5倍は　白
□L　倍　L

② 何 L かをもとめる式にかいて、答えをもとめましょう。

式

答え （　　　　　）

❸ コップでお茶を入れて水とうをいっぱいにします。6回入れて、18dL はいる水とうがいっぱいになりました。コップには、何dL の水がはいりますか。

14点(式7・答え7)

式

> コップの6倍は水とうだよ。

答え（　　　　　　　）

❹ 台車で荷物を運んでトラックの荷台をいっぱいにします。9回運んで、荷物を72 このせられる荷台がいっぱいになりました。台車で、1回に荷物を何こ運べますか。

14点(式7・答え7)

式

答え（　　　　　　　）

❺ プリンの数は、ゼリーの数の8倍で48 こです。ゼリーの数は何こですか。

14点(式7・答え7)

式

答え（　　　　　　　）

❻ 青いひもの長さは、白いひもの長さの3倍で66cm です。白いひもの長さは何cm ですか。

14点(式7・答え7)

式

答え（　　　　　　　）

❼ 大なわとびを、3年生は、2年生の2倍の86 回とびました。2年生がとんだ回数は何回ですか。

14点(式7・答え7)

式

答え（　　　　　　　）

問題文に「倍」ということばがないときは、「□□の□倍は□□」というじゅんにいいかえてみよう。

14 何倍でしょう ⑦

月　日　　時　分〜　時　分

名前

点

1 赤、白、青のリボンがあります。赤のリボンの長さは３ｍ です。白の
リボンの長さは赤の２倍、青のリボンの長さは白の４倍です。青のリボンの
長さは何 ｍ ですか。　　　　　　50点(□全部できて1つ5・式10・答え10)

① 白のリボンの長さからじゅんにもとめます。次の図の□□にあてはまる
数をかいて、答えをもとめましょう。

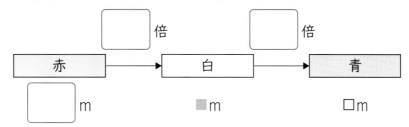

式　3×2＝

6×4＝

答え（　　　　　　　）

② 青のリボンの長さは、赤の何倍かを考えてからもとめます。次の図の
□□にあてはまる数をかいて、答えをもとめましょう。

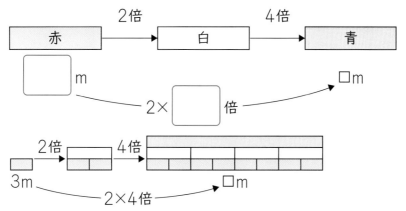

式　2×4＝

3×8＝

> 2つ分の4つ分だから、
> 2×4＝8 で、8倍だよ。

答え（　　　　　　　）

31

❷ 大、中、小の3しゅるいの箱があります。小の箱にはドーナツが2こ
はいります。中の箱には小の3倍、大の箱には中の2倍はいります。大の箱
にはドーナツが何こはいりますか。   50点（□全部できて1つ5・式10・答え10）

① 中の箱にはいるドーナツの数からじゅんにもとめます。次の図の□に
あてはまることばや数をかいて、答えをもとめましょう。

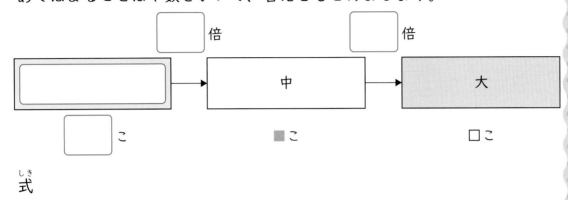

式

答え（　　　　　　　）

② 大の箱にはいるドーナツの数は、小の箱の何倍かを考えてから
もとめます。次の図の□にあてはまることばや数をかいて、答えを
もとめましょう。

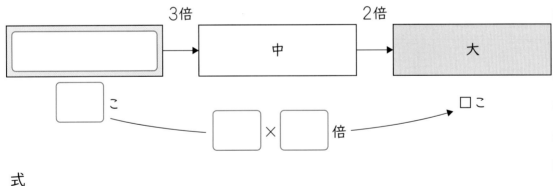

式

答え（　　　　　　　）

🐱 3つの数りょうと倍のかん係を考えるときは、2とおりのもとめ方が
あるよ。

15 何倍でしょう⑧

❶ 紙ひこうきのとんだ長さをくらべました。赤は2mとびました。青は赤の2倍、黄は青の3倍とびました。黄は何mとびましたか。◻にあてはまることばや数をかいて、何倍になるかを考えてからもとめましょう。

25点(◯全部できて5・式10・答え10)

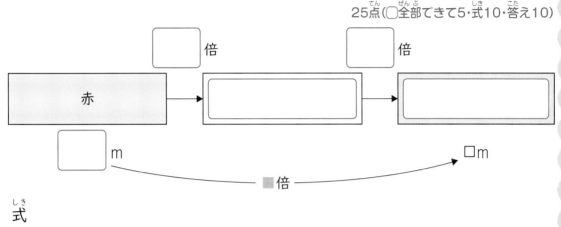

式

答え（　　　　　　）

❷ 大、中、小の3しゅるいのかんがあります。小のかんにはあめが3こはいります。中のかんには小の2倍、大のかんには中の4倍はいります。大のかんにはあめが何こはいりますか。◻にあてはまることばや数をかいて、何倍になるかを考えてからもとめましょう。

25点(◯全部できて5・式10・答え10)

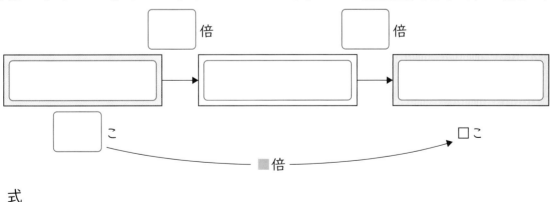

式

答え（　　　　　　）

❸ びん、水とう、やかんがあります。びんには水が6dLはいります。水とうにはびんの2本分、やかんには水とうの5本分はいります。やかんには水が何dLはいりますか。□にあてはまることばや数をかいて、何倍になるかを考えてからもとめましょう。

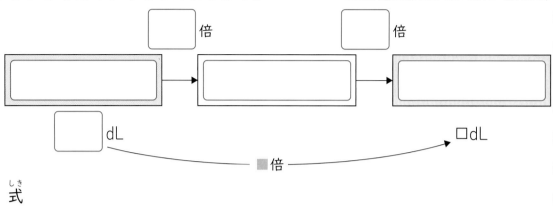

式

答え（　　　　　　）

2本分は、2倍ということだね。

❹ ふくろ、かご、箱があります。ふくろにはりんごが2こはいります。かごにはふくろの3倍、箱にはかごの3倍のりんごがはいります。箱にはりんごが何こはいりますか。□にあてはまることばや数をかいて、何倍になるかを考えてからもとめましょう。

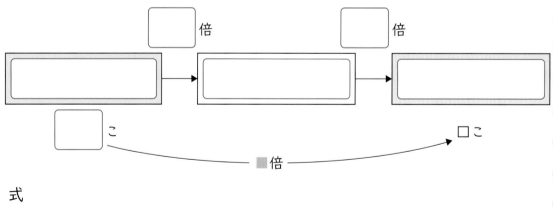

式

答え（　　　　　　）

👑 「2倍の3倍は6倍」のように、何倍になるかをもとめるときは、かけ算を使おう。

名前

月　日　　時　分〜　時　分

点

❶ ゆいさん、妹、お父さんの体重をくらべます。妹の体重は7kg です。ゆいさんの体重は妹の5倍、お父さんの体重はゆいさんの2倍です。お父さんの体重は何kg ですか。□にあてはまることばや数をかいて、何倍になるかを考えてからもとめましょう。

18点(□全部できて2・式8・答え8)

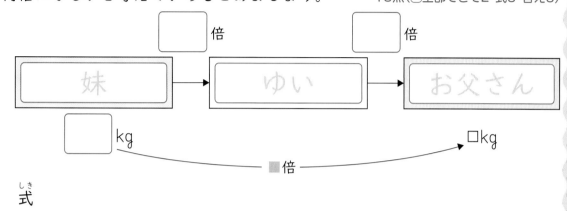

□ 倍　　　　□ 倍

妹 → ゆい → お父さん

□ kg　　　　　　　　　　　　　　　□kg

■倍

式

答え（　　　　　　　）

❷ 花に水を1回に12L ずつ、1日に2回やります。3日間では何L の水がひつようですか。□にあてはまることばや数をかいて、何倍になるかを考えてからもとめましょう。

18点(□全部できて2・式8・答え8)

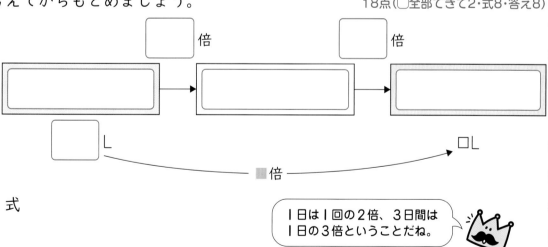

□ 倍　　　　□ 倍

□ L　　　　　　　　　　　　　　　□L

■倍

式

1日は1回の2倍、3日間は1日の3倍ということだね。

答え（　　　　　　　）

❸ 青、白、黄のひもがあります。青のひもの長さは 10 cm です。白のひもの長さは青の2倍、黄のひもの長さは白の4倍です。黄のひもの長さは何 cm ですか。何倍になるかを考えてからもとめましょう。　16点(式8・答え8)

式

答え（　　　　　　　）

❹ あめ、ラムネ、グミのねだんをくらべます。あめ1このねだんは 20 円です。ラムネ1このねだんはあめの3倍、グミ1ふくろのねだんはラムネの2倍です。グミ1ふくろのねだんは何円ですか。何倍になるかを考えてからもとめましょう。　16点(式8・答え8)

式

答え（　　　　　　　）

❺ ひなたさんの学校の1クラスの人数は 30 人です。1学年の人数は1クラスの5倍で、学校全体の人数は1学年の6倍です。ひなたさんの小学校の人数は何人ですか。何倍になるかを考えてからもとめましょう。　16点(式8・答え8)

式

答え（　　　　　　　）

❻ 本を1回に4ページずつ、1日に2回よみます。10日間では何ページよむことができますか。何倍になるかを考えてからもとめましょう。
16点(式8・答え8)

式

答え（　　　　　　　）

何倍の何倍をもとめるときは、かけ算を使うよ。「倍」ということばがないときは、「□□の□倍は□□」という形にいいかえてみよう。

17 まとめのテスト

1 りんごが7こ、みかんが21こあります。みかんの数は、りんごの数の
何倍ですか。　　　　　　　　　　　　　　　　　　10点（式5・答え5）
式

答え（　　　　　　　）

2 ジュースの数は、お茶の数の 3倍で63本です。お茶の数は何本ですか。
　　　　　　　　　　　　　　　　　　　　　　　　10点（式5・答え5）
式

答え（　　　　　　　）

3 まきずしがあります。2cm ずつに切ると、切ったまきずしはちょうど
9こできました。はじめのまきずしの長さは何 cm でしたか。10点（式5・答え5）
式

答え（　　　　　　　）

4 えん筆、ノート、筆箱のねだんをくらべます。えん筆1本のねだんは
70円です。ノート1さつのねだんはえん筆の2倍、筆箱1このねだんは
ノートの5倍です。筆箱1このねだんは何円ですか。何倍になるかを
考えてからもとめましょう。　　　　　　　　　　　20点（式10・答え10）
式

答え（　　　　　　　）

5 コップ、水とう、やかんがあります。水とうには水が8dL はいります。

① コップにはいる水のかさの4倍が水とうにはいる水のかさです。コップにはいる水のかさは何dL ですか。

式

答え （　　　　　　　）

② 水とうにはいる水のかさの5倍がやかんにはいる水のかさです。やかんにはいる水のかさは何dL ですか。

式

答え （　　　　　　　）

6 □にあてはまる数を、式にかいてもとめましょう。　　30点(式5・答え5)

① 36m の2倍は□m です。

式

答え （　　　　　　　）

② 6m の□倍は 36m です。

式

答え （　　　　　　　）

③ □m の9倍は 36m です。

式

答え （　　　　　　　）

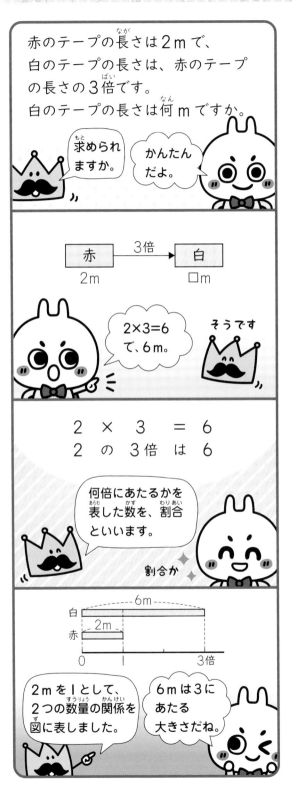

左の問題の白のテープの長さを求めましょう。

式　2×3＝6　　　　答え　6m

赤のテープの長さの3倍が白のテープの長さになっています。

このように何倍にあたるかを表した数を、割合といいます。

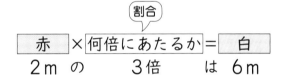

また、「2mの3倍は6m」というのは、「2mを1としたとき、6mが3にあたる大きさ」といいかえることができます。

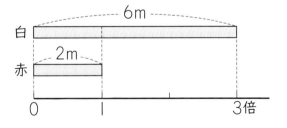

これからの学習では、「もとにする大きさを1とする」ことがたいせつになります。

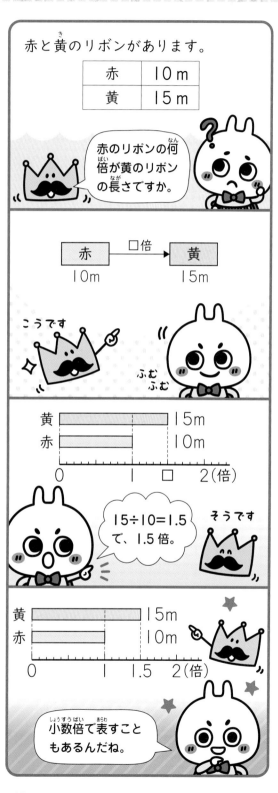

左の表で、赤のリボンの何倍が黄のリボンの長さかを求めましょう。

矢印の図にかくと、下のようになります。

式　15÷10＝1.5　答え　1.5倍

また、テープの図にかくと、下のようになります。

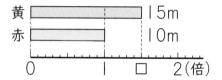

赤のリボンの長さを1としたとき、黄のリボンの長さは1.5にあたる大きさといえます。

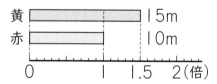

10mの1倍を式に表すと
　　10×1＝10　で10m
10mの1.5倍を式に表すと
　　10×1.5＝15　で15m
10mの2倍を式に表すと
　　10×2＝20　で20m

このように、倍を表す数が小数になることもあります。

18 割合 ①

❶ 子どものイルカの体長は3mで、親のイルカの体長は12mです。

30点(式10・答え10・□10)

① 親のイルカの体長は、子どものイルカの体長の何倍ですか。

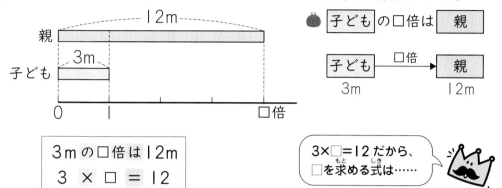

子ども の□倍は 親

子ども →□倍→ 親
3m   12m

3mの□倍は12m
3 × □ = 12

3×□=12 だから、
□を求める式は……

式

答え (   )

何倍にあたるかを表した数を、
割合というよ。

② □にあてはまる数をかきましょう。

3mを1としたとき、12mは □ にあたる大きさです。

1とした大きさ   割合   4にあたる大きさ
子ども × 何倍にあたるか = 親

3mを1こ分とすると、12mは4こ分の長さだね。

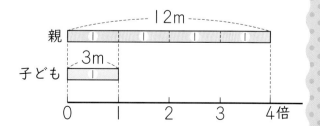

親 ━━━━12m━━━━
子ども 3m
0   1   2   3   4倍

❷ 箱にはクッキーが27まいはいり、ふくろには9まいはいります。
箱にはいるクッキーの数は、ふくろの何倍ですか。

40点(①□全部できて10、②式10・答え10、③10)

① 次の図の □ にあてはまることばや数をかきましょう。

🍅 ふくろ の□倍は 箱

| ふくろ | □倍 ➡ | 箱 |

□ まい   □ まい

② 式にかいて、答えを求めましょう。

式

答え (　　　　　　　)

③ 9まいを1としたとき、27まいはいくつにあたる大きさですか。

(　　　　　　　)

❸ 公園で、はじめ2人だった子どもの数が、いまは20人になりました。

30点(①式10・答え10、②10)

① いまの子どもの数は、はじめの数の何倍ですか。

式

🍅 はじめ の□倍は いま

| はじめ | □倍 ➡ | いま |
2人   20人

答え (　　　　　　　)

② 2人を1としたとき、20人はいくつにあたる大きさですか。

(　　　　　　　)

🐱 「□の□倍は□」という2つの数量と倍の関係をみつけよう。

19 割合 ②

| 月 | 日 | 時 | 分〜 | 時 | 分 |

名前

てん点

❶ 赤のテープの長さは8mで、青のテープの長さは、赤のテープの長さの5倍です。

30点(式10・答え10・□10)

① 青のテープの長さは何mですか。

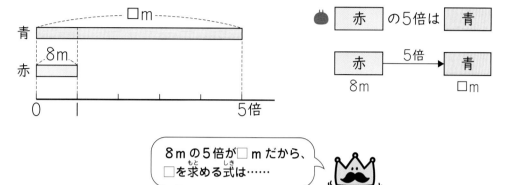

8mの5倍が□mだから、
□を求める式は……

式

答え （　　　　　　）

② □にあてはまる数をかきましょう。

8mを1としたとき、□mは5にあたる大きさです。

1とした大きさ　　わりあい割合　　5にあたる大きさ

赤 × 何倍にあたるか ＝ 青

43

❷ ゾウの体重は6tで、トラックの重さは、ゾウの体重の3倍です。
トラックの重さは何tですか。 40点(①□全部できて10、②式10・答え10、③10)

① 次の図の□にあてはまることばや数をかきましょう。

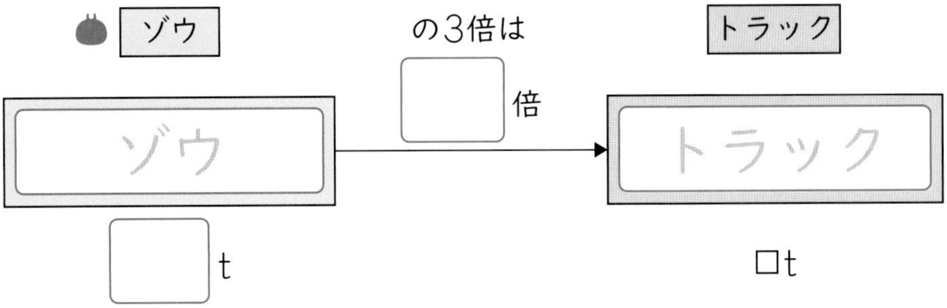

● | ゾウ | の3倍は | トラック |

| ゾウ | ──→ | トラック |

□倍

□ t

□t

② 式にかいて、答えを求めましょう。

式

答え (   )

③ 6tを1としたとき、トラックの重さはいくつにあたる大きさですか。

(   )

❸ はるとさんの年れいは11才で、おじいさんの年れいは、はるとさんの
年れいの7倍です。 30点(①式10・答え10、②10)

① おじいさんの年れいはいくつですか。

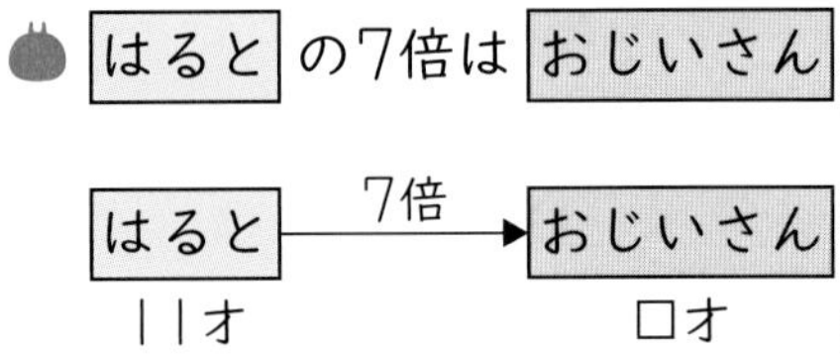

● | はると | の7倍は | おじいさん |

式

| はると | ─7倍→ | おじいさん |

11才   □才

答え (   )

② 11才を1としたとき、おじいさんの年れいはいくつにあたる大きさ
ですか。

(   )

まず、わからない数量を□として、矢印の図に表して考えよう。

44

割合 ③

❶ ハムスターのうまれたときの体長は 2cm で、いまの体長は、うまれた
ときの体長の 6 倍です。いまの体長は何 cm ですか。

29点(①□全部できて8、②式7・答え7、③7)

① 次の図の□□にあてはまることばや数をかきましょう。

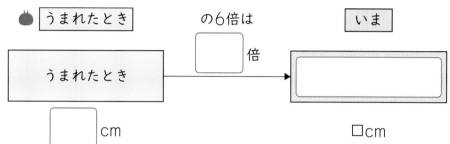

うまれたとき　　　　　の6倍は　　　　　　いま

うまれたとき	倍	

□ cm　　　　　　　　　　　　　□ cm

② 式にかいて、答えを求めましょう。

式

答え（　　　　　　　）

③ 2cm を 1 としたとき、いまの体長はいくつにあたる大きさですか。

（　　　　　　　）

❷ みかん 1 このねだんは 50 円で、りんご 1 このねだんは、みかんの
ねだんの 3 倍です。りんご 1 このねだんは何円ですか。　21点(①式7・答え7、②7)

① 式にかいて、答えを求めましょう。

式

みかん の3倍は りんご

みかん ─3倍→ りんご
50円　　　　　□円

答え（　　　　　　　）

② 50 円を 1 としたとき、りんご 1 このねだんはいくつにあたる大きさ
ですか。

（　　　　　　　）

❸ コップにはいるお茶の量は 200 mL で、水とうにはいる量は、コップにはいる量の 10 倍です。水とうにはいるお茶の量は何 mL ですか。

29点(①□全部できて8、②式7・答え7、③7)

① 次の図の □ にあてはまることばや数をかきましょう。

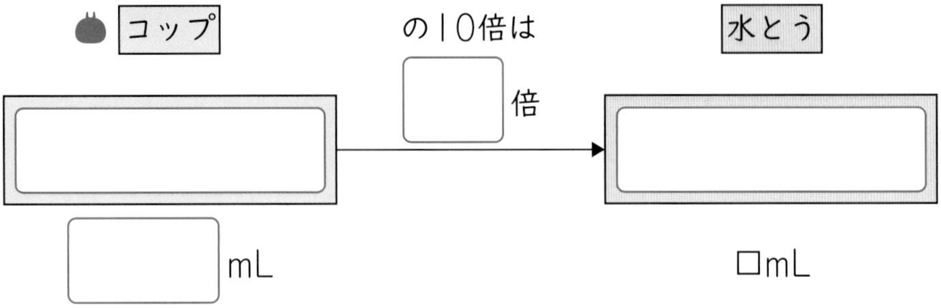

● コップ　　　の10倍は　　　水とう

```
┌──────────────┐      ┌──────┐      ┌──────────────┐
│              │──────│  倍  │─────▶│              │
└──────────────┘      └──────┘      └──────────────┘
```

□ mL　　　　　　　　　　　　　　　　□mL

② 式にかいて、答えを求めましょう。

式

答え (　　　　　　　　)

③ 200 mL を 1 としたとき、水とうにはいる水の量はいくつにあたる大きさですか。

(　　　　　　　　)

❹ 緑のテープの長さは 13 m で、黄のテープの長さは、緑のテープの長さの 4 倍です。黄のテープの長さは何 m ですか。

21点(①式7・答え7、②7)

① 式にかいて、答えを求めましょう。

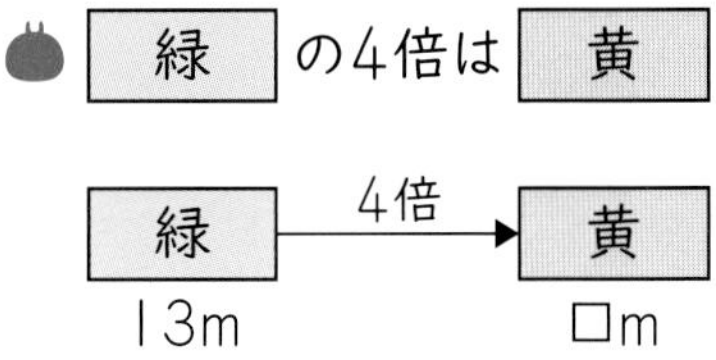

式

● 緑 の4倍は 黄

```
┌────┐  4倍  ┌────┐
│ 緑 │──────▶│ 黄 │
└────┘       └────┘
 13m          □m
```

答え (　　　　　　　　)

② 13 m を 1 としたとき、黄のテープの長さはいくつにあたる大きさですか。

(　　　　　　　　)

🐱 矢印の図の右側の数量を求めるときは、かけ算を使うよ。

21 割合④

	月 日	時_じ 分_{ふん}〜 時 分
	名前_{なまえ}	点_{てん}

❶ はじめのメダカの数_{かず}は4ひきで、いまのメダカの数は、はじめの数の5倍_{ばい}です。いまのメダカの数は何_{なん}びきですか。 36点(①□全部できて12、②式8・答え8、③8)

① 次_{つぎ}の図_ずの□にあてはまることばや数をかきましょう。

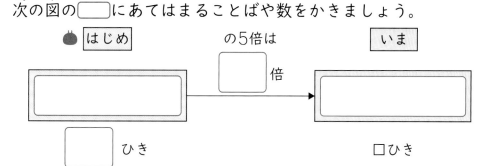

② 式_{しき}にかいて、答_{こた}えを求_{もと}めましょう。

式

答え（ 　　　　　 ）

③ 4ひきを1としたとき、いまのメダカの数はいくつにあたる大きさですか。

（ 　　　　　 ）

❷ 子どものラッコの体重_{たいじゅう}は10kgで、おとなのラッコの体重は、子どものラッコの体重の4倍です。おとなのラッコの体重は何kgですか。

16点(式8・答え8)

式

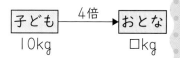

答え（ 　　　　　 ）

❸ 絵本のねだんは 700 円で、図かんのねだんは、絵本のねだんの 3 倍です。図かんのねだんは何円ですか。

16点(式8・答え8)

式

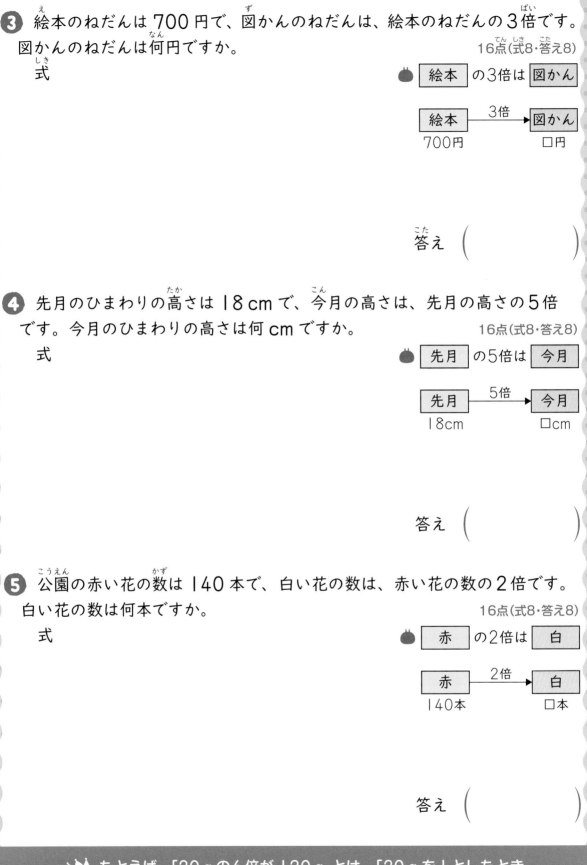

絵本 の3倍は 図かん

絵本　3倍→ 図かん
700円　　　□円

答え（　　　　　　）

❹ 先月のひまわりの高さは 18cm で、今月の高さは、先月の高さの 5 倍です。今月のひまわりの高さは何 cm ですか。

16点(式8・答え8)

式

先月 の5倍は 今月

先月　5倍→ 今月
18cm　　　□cm

答え（　　　　　　）

❺ 公園の赤い花の数は 140 本で、白い花の数は、赤い花の数の 2 倍です。白い花の数は何本ですか。

16点(式8・答え8)

式

赤 の2倍は 白

赤　2倍→ 白
140本　　　□本

答え（　　　　　　）

たとえば、「20ｇの6倍が120ｇ」とは、「20ｇを1としたとき、120ｇは6にあたる大きさ」ということだよ。

月　日　時　分〜　時　分

名前

点

❶ 大きい水そうにはいる水の量は、小さい水そうにはいる量の4倍で、24Lです。

30点(①式10・答え10、②□10)

① 小さい水そうにはいる水の量は何Lですか。

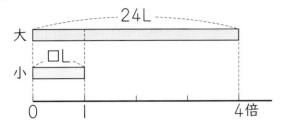

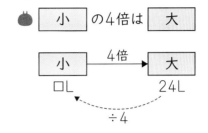

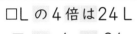

□Lの4倍は24L
□ × 4 = 24

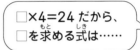 □×4=24だから、□を求める式は……

式

答え（　　　　　　）

② □にあてはまる数をかきましょう。

□ Lを1としたとき、4にあたる大きさは24Lになります。

1とした大きさ	割合	4にあたる大きさ
小	×　何倍にあたるか　＝	大

49

❷ はるかさんの体重は、妹の体重の5倍で、35kgです。妹の体重は何kgですか。

40点(①□全部できて10、②式10・答え10、③10)

① 次の図の □ にあてはまることばや数をかきましょう。

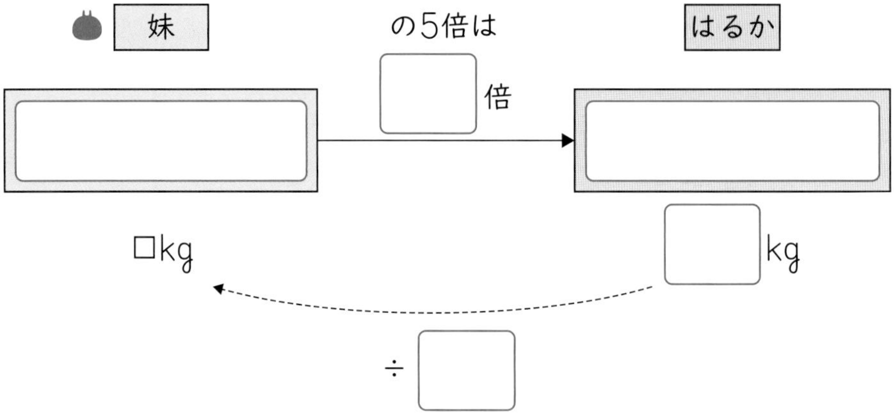

🍅 妹 　　の5倍は　　 はるか

□ 倍

→

□kg 　　　　　□ kg

÷ □

② 式にかいて、答えを求めましょう。

式

答え（　　　　　　　）

③ 35kg を 5 としたとき、1 にあたる大きさは何kgですか。

（　　　　　　　）

❸ 家から図書館まで、自転車でかかる時間は、自動車でかかる時間の3倍で、15分です。

30点(①式10・答え10、②10)

① 家から図書館まで、自動車でかかる時間は何分ですか。

式

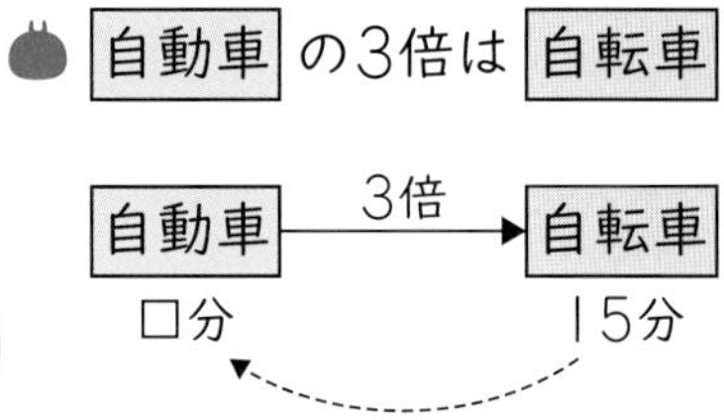

🍅 自動車 の3倍は 自転車

自動車 —3倍→ 自転車
□分 　　　　15分

答え（　　　　　　　）

② 15分を3としたとき、1にあたる大きさは何分ですか。

（　　　　　　　）

👤 「 □ の □ 倍は □ 」という2つの数量と倍の関係をみつけよう。

❶ ひよこの数は、にわとりの数の9倍で、72羽です。にわとりの数は何羽ですか。

29点(①□全部できて8、②式7・答え7、③7)

① 次の図の □ にあてはまることばや数をかきましょう。

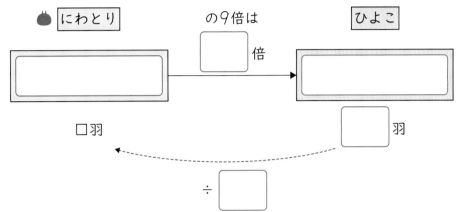

にわとり　　の9倍は　　ひよこ

□ 倍

□羽　　　　　　　　　　羽

÷

② 式にかいて、答えを求めましょう。

式

答え （　　　　　　　　）

③ 72羽を9としたとき、にわとりの数はいくつにあたる大きさですか。

（　　　　　　　　）

❷ 金色のリボンの長さは、銀色のリボンの長さの6倍で、60cmです。銀色のリボンの長さは何cmですか。

21点(①式7・答え7、②7)

① 式にかいて、答えを求めましょう。

式

銀色　の6倍は　金色

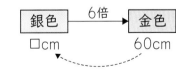
銀色　6倍　金色
□cm　　60cm

答え （　　　　　　　　）

② 60cmを6としたとき、銀色のリボンの長さはいくつにあたる大きさですか。

（　　　　　　　　）

❸ 校庭にいる1年生の数は、4年生の数の4倍で、48人です。校庭にいる4年生は何人ですか。

29点(①□全部できて8、②式7・答え7、③7)

① 次の図の□にあてはまることばや数をかきましょう。

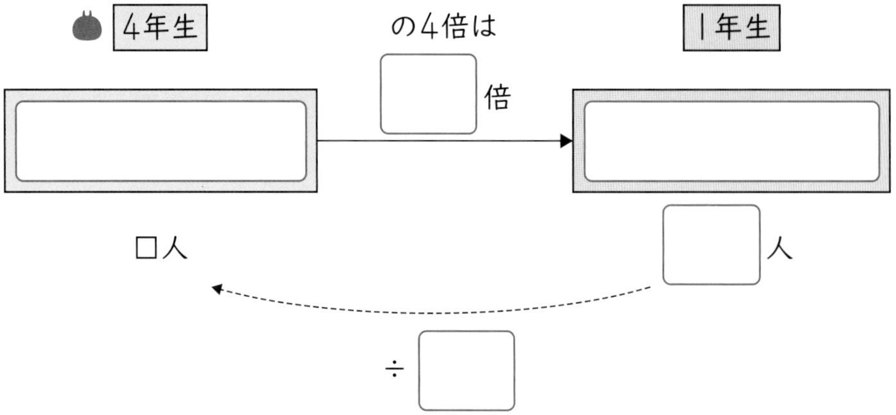

🍅 4年生 の4倍は 1年生

```
┌──────────┐   ┌────┐      ┌──────────┐
│          │   │    │倍  → │          │
│          │   └────┘      │          │
└──────────┘               └──────────┘
   □人                        │  人
                ┌────┐←┄┄┄┄┄┄┘
            ÷   │    │
                └────┘
```

② 式にかいて、答えを求めましょう。

式

答え（　　　　　）

③ 48人を4としたとき、4年生の数はいくつにあたる大きさですか。

（　　　　　）

❹ おとなのアザラシの体重は、子どものアザラシの体重の10倍で、130kgです。子どものアザラシの体重は何kgですか。 21点(①式7・答え7、②7)

① 式にかいて、答えを求めましょう。

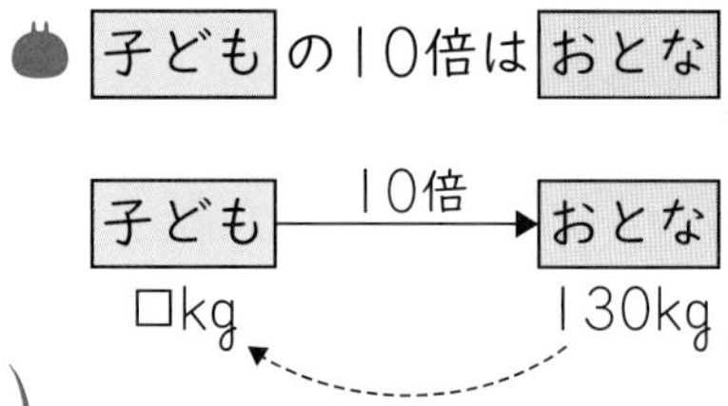

🍅 子ども の10倍は おとな

式

```
┌──────┐ 10倍  ┌──────┐
│子ども│ ───→ │おとな│
└──────┘      └──────┘
  □kg   ←┄┄┄┄  130kg
```

答え（　　　　　）

② 130kgを10としたとき、子どものアザラシの体重はいくつにあたる大きさですか。

（　　　　　）

👑 まず、わからない数量を□として、矢印の図に表して考えよう。

52

24 割合 ⑦

月 日	時 分〜 時 分	
名前		
		点

❶ バスの長さは、乗用車の長さの4倍で、12mです。乗用車の長さは何mですか。

36点(①□全部できて12、②式8・答え8、③8)

① 次の図の □ にあてはまることばや数をかきましょう。

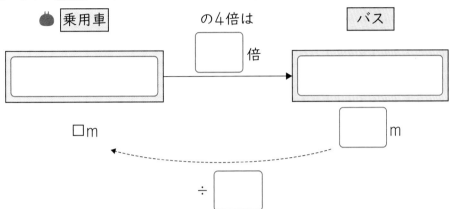

② 式にかいて、答えを求めましょう。

式

答え （ 　　　　　 ）

③ 12mを4としたとき、乗用車の長さはいくつにあたる大きさですか。

（ 　　　　　 ）

❷ 本のあつさは、ノートのあつさの7倍で、28mmです。ノートのあつさは何mmですか。

16点(式8・答え8)

式

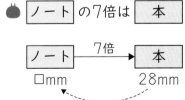

答え （ 　　　　　 ）

53

3 親のヒョウの体重は、子どものヒョウの体重の6倍で、78kgです。
子どものヒョウの体重は何kgですか。

16点(式8・答え8)

式

🍅 子ども の6倍は 親

```
子ども ──6倍──▶ 親
□kg            78kg
   ◀╌╌╌╌╌╌╌╌╌
```

答え（　　　　　　　　）

4 みなとさんの小学校の全体の人数は、4年生の数の5倍で、400人です。
みなとさんの小学校の4年生は何人ですか。

16点(式8・答え8)

式

🍅 4年生 の5倍は 学校全体

```
4年生 ──5倍──▶ 学校全体
□人            400人
   ◀╌╌╌╌╌╌╌╌╌
```

答え（　　　　　　　　）

5 ケーキ1このねだんは、プリン1このねだんの3倍で、360円です。
プリン1このねだんは何円ですか。

16点(式8・答え8)

式

🍅 プリン の3倍は ケーキ

```
プリン ──3倍──▶ ケーキ
□円            360円
   ◀╌╌╌╌╌╌╌╌╌
```

答え（　　　　　　　　）

月　日　時　分〜　時　分

名前

点

❶ ゆうきさん、妹、お父さんの３人で体重をくらべます。　36点(式9・答え9)

① 妹の体重8kgの8倍がお父さんの体重です。お父さんの体重は何kgですか。

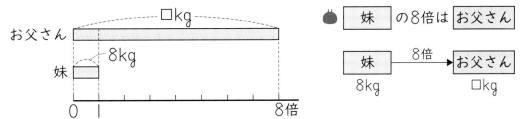

式

答え（　　　　　　）

② ゆうきさんの体重の2倍がお父さんの体重です。ゆうきさんの体重は何kgですか。

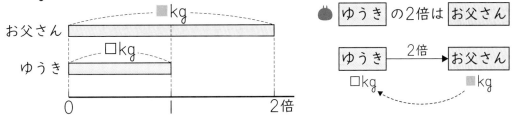

お父さんの体重は、①で求めたね。

式

答え（　　　　　　）

❷ 大、中、小の3つのサイズの箱にクッキーを入れます。 32点(式8・答え8)

① 中の箱に入れるクッキー12まいの3倍を大の箱に入れます。大の箱に入れるクッキーの数は何まいですか。

式

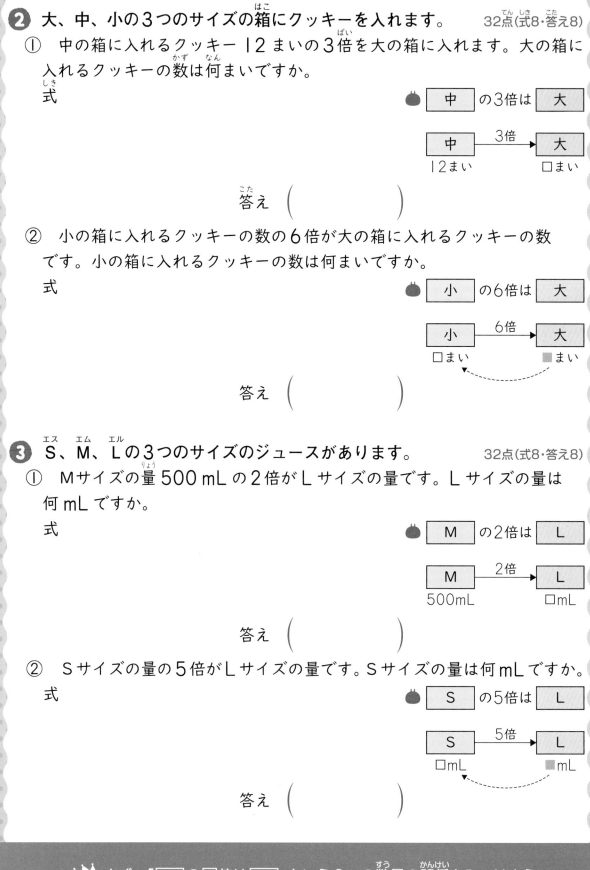

答え（　　　　　　　）

② 小の箱に入れるクッキーの数の6倍が大の箱に入れるクッキーの数です。小の箱に入れるクッキーの数は何まいですか。

式

答え（　　　　　　　）

❸ S、M、Lの3つのサイズのジュースがあります。 32点(式8・答え8)

① Mサイズの量500mLの2倍がLサイズの量です。Lサイズの量は何mLですか。

式

答え（　　　　　　　）

② Sサイズの量の5倍がLサイズの量です。Sサイズの量は何mLですか。

式

答え（　　　　　　　）

まず、「□の□倍は□」という2つの数量の関係をみつけよう。

26 割合 ⑨

❶ 右のようなゴムＡとゴムＢがあります。
2つのゴムののび方をくらべます。

46点(①②式9・答え9、③10)

	もとの長さ	のばした長さ
ゴムＡ	6cm	18cm
ゴムＢ	4cm	16cm

どちらも 12cm
のびたから、
のび方は同じかな？

もとの長さが
ちがっていることに
注意しましょう。

① ゴムＡをのばした長さは、もとの長さの何倍になっていますか。

式

🌰 もとの長さ の□倍は のばした長さ

もとの長さ ─□倍→ のばした長さ
6cm　　　　　　　　　　18cm

答え （　　　　　　　　）

② ゴムＢをのばした長さは、もとの長さの何倍になっていますか。

式

🌰 もとの長さ の□倍は のばした長さ

もとの長さ ─□倍→ のばした長さ
4cm　　　　　　　　　　16cm

答え （　　　　　　　　）

③ ゴムＡとゴムＢでは、のびる割合が大きいのはどちらですか。

（　　　　　　　　）

同じゴムは、
いつでも同じように
のびるね。

割合を使うと、ゴムののび方の
ように、もとの大きさがちがう
ものもくらべられます。

❷ 右のようなゴムＡとゴムＢがあります。
　　　　　　　　　36点(式9・答え9)

	もとの長さ	のばした長さ
ゴムＡ	5 cm	15 cm
ゴムＢ	10 cm	20 cm

① 　ゴムＡとゴムＢでは、のびる割合が大きいのはどちらですか。

ゴムＡ

🍅 | もとの長さ | の□倍は | のばした長さ |

| もとの長さ | →□倍→ | のばした長さ |
　　5cm　　　　　　　　15cm

ゴムＢ

🍅 | もとの長さ | の□倍は | のばした長さ |

| もとの長さ | →□倍→ | のばした長さ |
　　10cm　　　　　　　　20cm

式

答え（　　　　　　）

② 　ゴムＡのもとの長さが 10 cm のとき、のばした長さは何 cm になりますか。
式

🍅 | もとの長さ | の■倍は | のばした長さ |

| もとの長さ | →■倍→ | のばした長さ |
　　10cm　　　　　　　　□cm

答え（　　　　　　）

❸ 右のようなゴムＡとゴムＢがあります。
ゴムＡとゴムＢでは、のびる割合が大きいのはどちらですか。
　　　　　　　　　18点(式9・答え9)

	もとの長さ	のばした長さ
ゴムＡ	10 cm	40 cm
ゴムＢ	15 cm	45 cm

式

🍅 | もとの長さ | の□倍は | のばした長さ |

| もとの長さ | →□倍→ | のばした長さ |

答え（　　　　　　）

🐭 割合を使って、もとの大きさがちがうものをくらべよう。

月 日　時 分～ 時 分
名前
点

❶ 右のような包帯Ａと包帯Ｂがあります。
28点(式7・答え7)

① 包帯Ａと包帯Ｂでは、のびる割合が
大きいのはどちらですか。
式

	もとの長さ	のばした長さ
包帯Ａ	40 cm	80 cm
包帯Ｂ	20 cm	60 cm

🍅 もとの長さ の□倍は のばした長さ

もとの長さ ──□倍→ のばした長さ

答え（　　　　）

② 包帯Ｂのもとの長さが 40 cm のとき、のばした長さは何 cm に
なりますか。
式

🍅 もとの長さ の▓倍は のばした長さ

もとの長さ ──▓倍→ のばした長さ
40cm　　　　□cm

答え（　　　　）

❷ 右のような包帯Ａと包帯Ｂがあります。
包帯Ａと包帯Ｂでは、のびる割合が
大きいのはどちらですか。
14点(式7・答え7)
式

	もとの長さ	のばした長さ
包帯Ａ	40 cm	160 cm
包帯Ｂ	60 cm	180 cm

🍅 もとの長さ の□倍は のばした長さ

もとの長さ ──□倍→ のばした長さ

答え（　　　　）

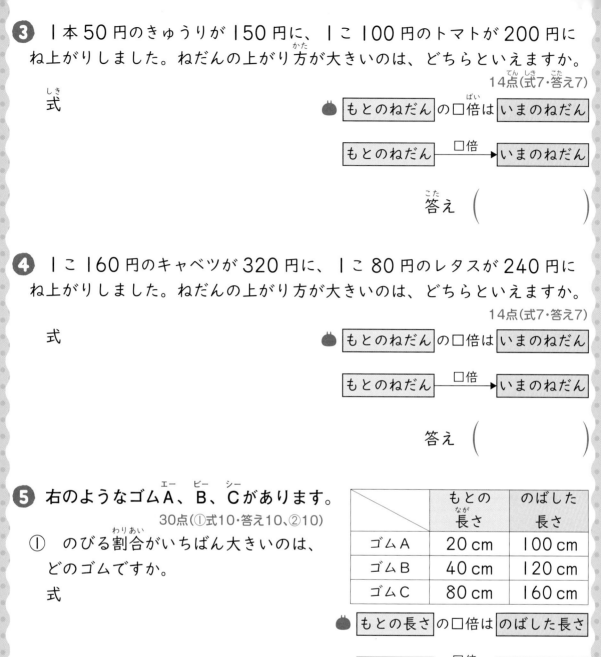

❸ 1本50円のきゅうりが150円に、1こ100円のトマトが200円に
ね上がりしました。ねだんの上がり方が大きいのは、どちらといえますか。

14点(式7・答え7)

式

🍅 もとのねだん の□倍は いまのねだん

もとのねだん ―□倍→ いまのねだん

答え (   )

❹ 1こ160円のキャベツが320円に、1こ80円のレタスが240円に
ね上がりしました。ねだんの上がり方が大きいのは、どちらといえますか。

14点(式7・答え7)

式

🍅 もとのねだん の□倍は いまのねだん

もとのねだん ―□倍→ いまのねだん

答え (   )

❺ 右のようなゴムA、B、Cがあります。

30点(①式10・答え10、②10)

① のびる割合がいちばん大きいのは、
どのゴムですか。

式

	もとの 長さ	のばした 長さ
ゴムA	20 cm	100 cm
ゴムB	40 cm	120 cm
ゴムC	80 cm	160 cm

🍅 もとの長さ の□倍は のばした長さ

もとの長さ ―□倍→ のばした長さ

答え (   )

② もとの長さが70cmで、のばした長さが210cmのゴムDがあります。
このゴムDと同じのび方のゴムと考えられるのは、どのゴムですか。

(   )

👨 もとの大きさがちがうものをくらべるときも、矢印の図に表して考えると
いいね。

月 日	時 分〜 時 分
名前	
	点

① ビルの高さは 30 m で、これはデパートの高さの 2 倍です。デパートの高さは、木の高さの 3 倍です。木の高さは何 m ですか。

50点(□全部できて1つ5・式10・答え10)

① デパートの高さを求めてから、木の高さを求めます。次の図の□□□にあてはまる数をかいて、答えを求めましょう。

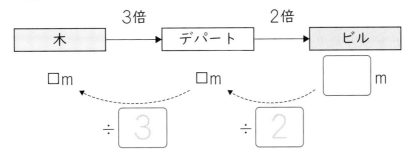

式 30÷2＝
15÷3＝

答え （　　　　　）

② ビルの高さが木の高さの何倍になるかを考えてから、木の高さを求めます。次の図の□□□にあてはまる数をかいて、答えを求めましょう。

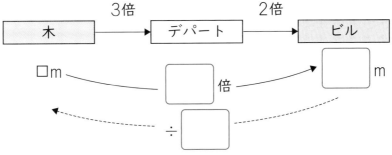

式 3×2＝
30÷6＝

答え （　　　　　）

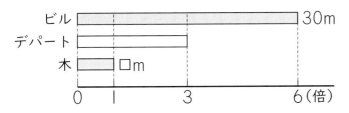

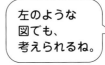
左のような
図でも、
考えられるね。

❷ 黄、青、赤の色紙があります。黄の色紙の数は 36 まいで、青の色紙の数の 3 倍です。青の色紙の数は、赤の色紙の数の 3 倍です。赤の色紙は何まいありますか。

50点(□全部できて1つ5・式10・答え10)

① 青の色紙の数を求めてから、赤の色紙の数を求めます。次の図の□にあてはまることばや数をかいて、答えを求めましょう。

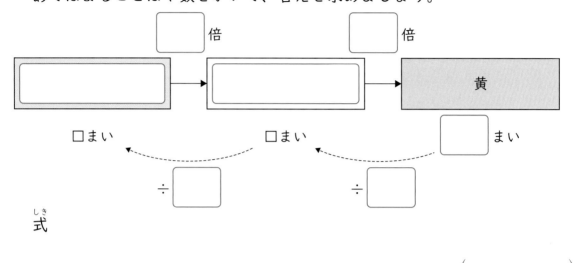

式

答え （　　　　　　　）

② 黄の色紙の数が赤の色紙の数の何倍になるかを考えてから、赤の色紙の数を求めます。次の図の□にあてはまることばや数をかいて、答えを求めましょう。

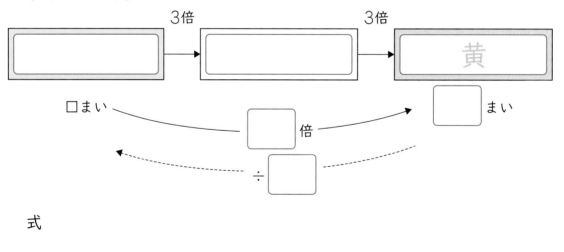

式

答え （　　　　　　　）

🐱 3つの数量と倍の関係を考えるときは、2とおりの求め方があるよ。

❶　こうたさんの体重は 40 kg で、弟の体重の2倍あります。弟の体重は、妹の体重の4倍あります。妹の体重は何 kg ですか。次の図の□にあてはまることばや数をかいて、こうたさんの体重が妹の体重の何倍になるかを考えてから求めましょう。

25点(□全部できて5・式10・答え10)

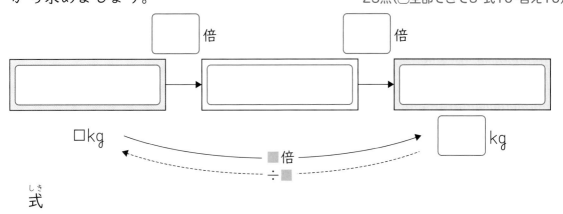

式

答え（　　　　　　　）

❷　赤、白、青のリボンがあります。青のリボンの長さは 48 cm で、白のリボンの長さの2倍です。白のリボンの長さは、赤のリボンの長さの2倍です。赤のリボンの長さは何 cm ですか。次の図の□にあてはまることばや数をかいて、青のリボンの長さが赤のリボンの長さの何倍になるかを考えてから求めましょう。

25点(□全部できて5・式10・答え10)

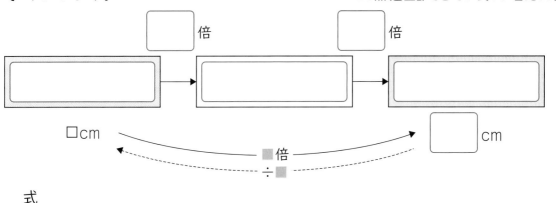

式

答え（　　　　　　　）

❸ コンパスのねだんは 500 円で、ものさしのねだんの 5 倍です。ものさしのねだんは、えん筆のねだんの 2 倍です。えん筆のねだんは何円ですか。次の図の ☐ にあてはまることばや数をかいて、コンパスのねだんがえん筆のねだんの何倍になるかを考えてから求めましょう。

25点(☐全部できて5・式10・答え10)

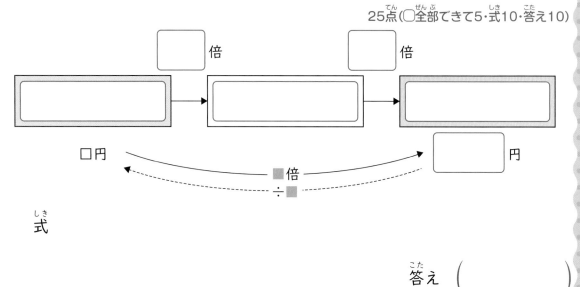

式

答え（　　　　　　　　　　）

❹ ペットボトルのジュースの量は 1500 mL で、びんのジュースの量の 3 倍です。びんのジュースの量は紙パックのジュースの量の 2 倍です。紙パックのジュースの量は何 mL ですか。次の図の ☐ にあてはまることばや数をかいて、ペットボトルのジュースの量が紙パックのジュースの量の何倍になるかを考えてから求めましょう。　25点(☐全部できて5・式10・答え10)

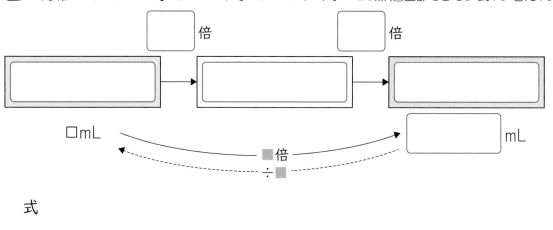

式

答え（　　　　　　　　　　）

何倍になるかを考えたら、2つの数量と倍の関係に表せるね。

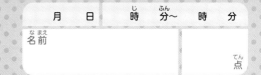
30 小数倍 ①

❶ 長さのちがう3本のリボンがあります。

40点(式10・答え10)

赤	10 m
黄	15 m
青	18 m

① 赤のリボンの何倍が黄のリボンの長さですか。

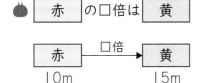

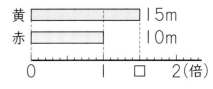

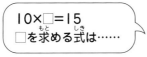

10×□=15
□を求める式は……

式　15÷10＝1.5

答え（　　　　　）

② 赤のリボンの何倍が青のリボンの長さですか。

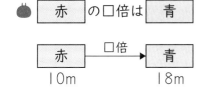

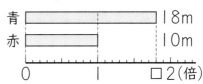

式

答え（　　　　　）

赤のリボンの長さを1としたとき、
黄のリボンの長さは1.5にあたる大きさ、
青のリボンの長さは1.8にあたる大きさ
といえます。

倍を表す数が
小数になることも
あるんだね。

❷ はいる量のちがう３このバケツがあります。
　60点(①③□全部できて1つ5・式10・答え10、②④1つ5)

白	2 L
黒	3 L
緑	5 L

① 白のバケツの何倍が黒のバケツにはいる量
ですか。次の図の□にあてはまることばや
数をかいて求めましょう。

🍅 白 　　　の□倍は 　　 黒

```
┌──────────────┐   □倍   ┌──────────────┐
│              │ ────────→│              │
└──────────────┘          └──────────────┘
   ┌──┐                      ┌──┐
   │  │ L                    │  │ L
   └──┘                      └──┘
```

式

答え (　　　　　　　)

② 白のバケツにはいる量を１としたとき、黒のバケツにはいる量はいくつ
にあたる大きさですか。

(　　　　　　　)

③ 白のバケツの何倍が緑のバケツにはいる量ですか。次の図の□に
あてはまることばや数をかいて求めましょう。

🍅 白 　　　の□倍は 　　 緑

```
┌──────────────┐   □倍   ┌──────────────┐
│              │ ────────→│              │
└──────────────┘          └──────────────┘
   ┌──┐                      ┌──┐
   │  │ L                    │  │ L
   └──┘                      └──┘
```

式

答え (　　　　　　　)

④ 白のバケツにはいる量を１としたとき、緑のバケツにはいる量はいくつ
にあたる大きさですか。

(　　　　　　　)

🐱 1.5倍のように、倍を表す数が小数になることもあるよ。1.5倍とは、
もとの大きさを1としたとき、その1.5にあたる大きさを表しているよ。

31 小数倍 ②

名前

月　日　　時　分〜　時　分

点

❶ ミニトマトがとれました。

50点(□全部できて1つ5・式10・答え10)

1回目	5こ
2回目	6こ
3回目	11こ

① 　1回目の何倍が2回目にとれた数ですか。
　次の図の◯にあてはまることばや数をかいて求めましょう。

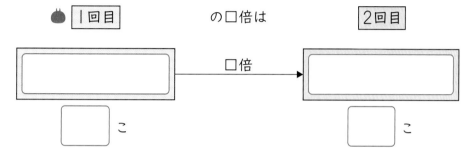

🍅 1回目　　　　　の□倍は　　　　2回目

□倍

こ　　　　　　　　　　　こ

式

答え (　　　　　　)

② 　1回目の何倍が3回目にとれた数ですか。次の図の◯にあてはまる
ことばや数をかいて求めましょう。

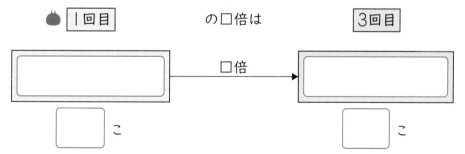

🍅 1回目　　　　　の□倍は　　　　3回目

□倍

こ　　　　　　　　　　　こ

式

答え (　　　　　　)

❷ はやとさん、りおさん、あおいさんは
なわとびをとびました。

50点(□全部できて1つ5・式10・答え10)

はやと	15回
りお	21回
あおい	27回

① りおさんがとんだ回数は、はやとさんがとんだ回数の何倍ですか。次の
図の□にあてはまることばや数をかいて求めましょう。

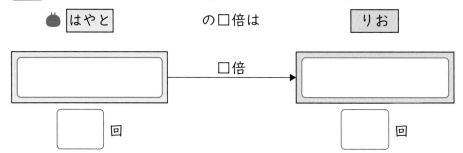

● はやと　　　　　の□倍は　　　　りお

□倍

□回　　　　　　　　　　　　□回

式

答え（　　　　　　　）

② あおいさんがとんだ回数は、はやとさんがとんだ回数の何倍ですか。
次の図の□にあてはまることばや数をかいて求めましょう。

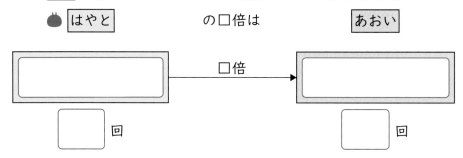

● はやと　　　　　の□倍は　　　　あおい

□倍

□回　　　　　　　　　　　　□回

式

答え（　　　　　　　）

「□の□倍は□」という２つの数量と倍の関係をみつけたら、
□を使って、かけ算の式に表してみよう。

32 小数倍 ③

❶ 茶のテープの長さは 30 cm です。白のテープの長さは 33 cm で、青の
テープの長さは 45 cm です。

50点(□全部できて1つ5・式10・答え10)

① 茶のテープの何倍が白のテープの長さですか。次の図の□□に
あてはまることばや数をかいて求めましょう。

🍅 茶 　　　　の□倍は　　　　　白

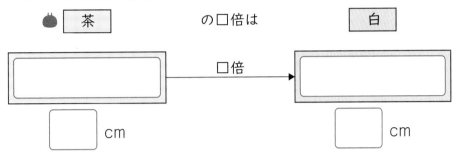

□倍

cm 　　　　　　　　　　　　　cm

式

答え（　　　　　　　）

② 茶のテープの何倍が青のテープの長さですか。次の図の□□に
あてはまることばや数をかいて求めましょう。

🍅 茶 　　　　の□倍は　　　　　青

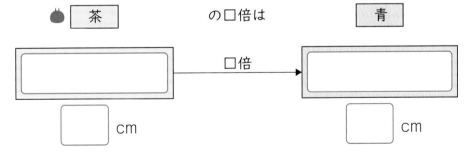

□倍

cm 　　　　　　　　　　　　　cm

式

答え（　　　　　　　）

❷ いつきさんの体重は 35 kg です。お父さんの体重は 77 kg で、
お姉さんの体重は 42 kg です。

50点(□全部できて1つ5・式10・答え10)

① いつきさんの何倍がお姉さんの体重ですか。次の図の□にあてはまる
ことばや数をかいて求めましょう。

🍅 いつき の□倍は お姉さん

```
┌──────────────┐          ┌──────────────┐
│              │  □倍     │              │
│              │ ───────> │              │
└──────────────┘          └──────────────┘
   ┌──┐ kg                  ┌──┐ kg
   └──┘                     └──┘
```

どちらの体重を1と
したらいいのかな……?

いつき の□倍は お姉さん だから、
35 ×□ ＝ 42 です。

式

答え (   )

② いつきさんの何倍がお父さんの体重ですか。次の図の□にあてはまる
ことばや数をかいて求めましょう。

🍅 いつき の□倍は お父さん

```
┌──────────────┐          ┌──────────────┐
│              │  □倍     │              │
│              │ ───────> │              │
└──────────────┘          └──────────────┘
   ┌──┐ kg                  ┌──┐ kg
   └──┘                     └──┘
```

式

答え (   )

どちらの大きさを1とすればよいか、矢印の図に表して考えよう。
図の左側が1とする大きさだよ。

33 小数倍④

月	日	時	分～	時	分
名前					
					点

1 ケーキのねだんは 360 円で、プリンのねだんは 240 円、ゼリーの
ねだんは 200 円です。

50点(□全部できて1つ5・式10・答え10)

① プリンのねだんは、ゼリーのねだんの何倍ですか。次の図の ☐ に
あてはまることばや数をかいて求めましょう。

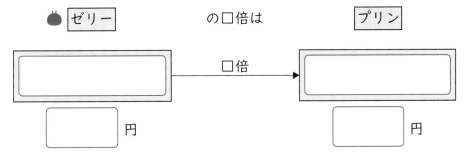

ゼリー の□倍は プリン

☐ 円　　□倍　　☐ 円

式

答え （　　　　　　　）

② ケーキのねだんは、ゼリーのねだんの何倍ですか。次の図の ☐ に
あてはまることばや数をかいて求めましょう。

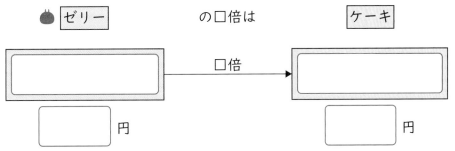

ゼリー の□倍は ケーキ

☐ 円　　□倍　　☐ 円

式

答え （　　　　　　　）

2 ペットボトルにはジュースが 600 mL、かんには 250 mL、びんには 800 mL はいっています。

① ペットボトルにはいっているジュースの量は、かんにはいっているジュースの量の何倍ですか。次の図の□にあてはまることばや数をかいて求めましょう。

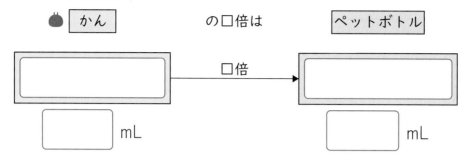

式

答え （ 　　　　　　 ）

② びんにはいっているジュースの量は、かんにはいっているジュースの量の何倍ですか。次の図の□にあてはまることばや数をかいて求めましょう。

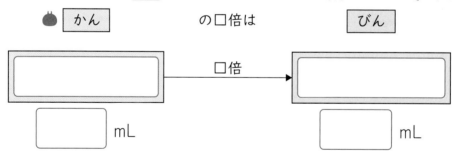

式

答え （ 　　　　　　 ）

問題文をよくよんで、「□の□倍は□」という2つの数量と倍の関係をみつけよう。

名前

てん
点

34 まとめのテスト

1 バケツにはいる水の量（りょう）は9Lで、水そうにはいる水の量は63Lです。
水そうにはいる水の量は、バケツにはいる水の量の何倍（なんばい）ですか。

14点(式7・答え7)

式（しき）

バケツ の□倍は 水そう

バケツ ──□倍→ 水そう
9L　　　　　　　63L

答え（こた） （　　　　　　　）

2 馬（うま）のうまれたときの体重（たいじゅう）は50kgで、いまの体重は、うまれたときの
体重の8倍です。いまの体重は何kgですか。

14点(式7・答え7)

式

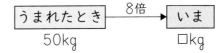

うまれたとき の8倍は いま

うまれたとき ──8倍→ いま
50kg　　　　　　　□kg

答え （　　　　　　　）

3 青のスニーカーの数（かず）は、赤のスニーカーの数の3倍で、87足です。
赤のスニーカーの数は何足ですか。

14点(式7・答え7)

式

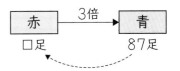

赤 の3倍は 青

赤 ──3倍→ 青
□足　　　　　　87足

答え （　　　　　　　）

4 右のようなゴムＡとゴムＢがあります。ゴムＡとゴムＢでは、のびる割合が大きいのはどちらですか。　14点(式7・答え7)

	もとの 長さ	のばした 長さ
ゴムＡ	8 cm	24 cm
ゴムＢ	4 cm	20 cm

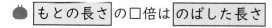

もとの長さ の□倍は のばした長さ

もとの長さ ──□倍──▶ のばした長さ

式

答え（　　　　　　　　）

5 黄のゴムひもは、もとの長さの４倍にのびます。緑のゴムひもは、もとの長さの５倍にのびます。15 cm の黄のゴムひもと 10 cm の緑のゴムひもでは、のばしたときの長さはどちらが長くなりますか。　14点(式7・答え7)

式

答え（　　　　　　　　）

6 マンションの高さは 32 m で、これは図書館の高さの４倍です。図書館の高さは、木の高さの２倍です。木の高さは何 m ですか。マンションの高さが木の高さの何倍になるかを考えてから求めましょう。　14点(式7・答え7)

式

木 ──2倍──▶ 図書館 ──4倍──▶ マンション
□m ◀─────■倍─────▶ 32m

答え（　　　　　　　　）

7 300 円のケーキと 120 円のドーナツがあります。ケーキのねだんは、ドーナツのねだんの何倍ですか。　16点(式8・答え8)

式

ドーナツ の□倍は ケーキ

ドーナツ ──□倍──▶ ケーキ
120円　　　　　300円

答え（　　　　　　　　）

35 しあげのテスト1

1 8mLの6倍のかさは何mLですか。かけ算の式にかいて、答えを求めましょう。
12点(式6・答え6)

式

答え（　　　　　　）

2 色のついたところの大きさは、もとの大きさの何分の一ですか。分数でかきましょう。
12点(1つ6)

①
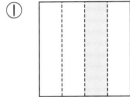
（　　　　　　）

②
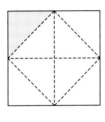
（　　　　　　）

3 青えん筆が14本、赤えん筆が7本あります。青えん筆の数は、赤えん筆の数の何倍ですか。
12点(式6・答え6)

式

答え（　　　　　　）

4 カステラがあります。3cmずつに切ると、切ったカステラはちょうど8こできました。はじめのカステラの長さは何cmでしたか。12点(式6・答え6)

式

答え（　　　　　　）

5 かなたさんがもっているカードの数は、弟のカードの数の4倍で84まいです。弟がもっているカードの数は何まいですか。　12点(式6・答え6)
式

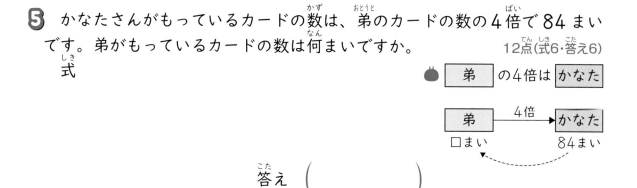

答え（　　　　　　　）

6 右のような包帯Aと包帯Bがあります。包帯Aと包帯Bでは、のびる割合が大きいのはどちらですか。12点(式6・答え6)
式

	もとの 長さ	のばした 長さ
包帯A	30 cm	90 cm
包帯B	20 cm	80 cm

🍅 もとの長さ の□倍は のばした長さ

もとの長さ ―□倍→ のばした長さ

答え（　　　　　　　）

7 S、M、Lの3つのサイズのジュースがあります。　28点(式7・答え7)

S	250 mL
M	700 mL
L	900 mL

① Sサイズの何倍がMサイズのジュースの量ですか。
式

答え（　　　　　　　）

② Lサイズのジュースの量は、Sサイズのジュースの量の何倍ですか。
式

答え（　　　　　　　）

36 しあげのテスト2

1 次の計算をしましょう。　　　　　　　　　　　　　　　　　9点(1つ3)

① 5×9　　　　　② 1×8　　　　　③ 7×6

2 ㋐のテープは、あるテープを同じ長さに4つに分けた1つ分で、もとの

長さの$\frac{1}{4}$です。もとの長さのテープはどれですか。㋑、㋒、㋓の中から

選びましょう。　　　　　　　　　　　　　　　　　　　　　　　　7点

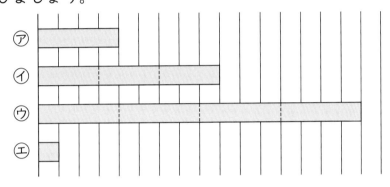

(　　　　　)

3 はとの数は、すずめの数の9倍で36羽です。すずめの数は何羽ですか。

14点(式7・答え7)

式

答え(　　　　　)

4 計算問題を1回に6題ずつ、1日に2回練習します。25日間では何題

練習できますか。25日間で練習する問題数が1回に練習する問題数の

何倍になるかを考えてから求めましょう。　　　　　14点(式7・答え7)

式

答え(　　　　　)

5 オートバイの長さは2mで、バスの長さは、オートバイの長さの6倍です。バスの長さは何mですか。

14点(式7・答え7)

式

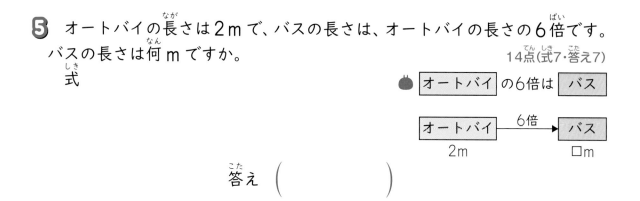

答え （　　　　　　　）

6 青、黄、緑のテープがあります。緑のテープの長さは68cmで、黄のテープの長さの2倍です。黄のテープの長さは、青のテープの長さの2倍です。青のテープの長さは何cmですか。緑のテープの長さが青のテープの長さの何倍になるかを考えてから求めましょう。

14点(式7・答え7)

式

答え （　　　　　　　）

7 北町、南町、東町の小学生の数を調べました。

28点(式7・答え7)

北町	1500人
南町	1800人
東町	3900人

① 北町の小学生の数の何倍が南町の小学生の数ですか。

式

答え （　　　　　　　）

② 東町の小学生の数は、北町の小学生の数の何倍ですか。

式

答え （　　　　　　　）

1 九九①

1
①12　　②10
③14　　④6
⑤18　　⑥32
⑦30　　⑧24
⑨15　　⑩9
⑪56　　⑫28
⑬1　　⑭6
⑮24　　⑯45
⑰72　　⑱42

2
①25　　②18
③16　　④36
⑤7　　⑥64
⑦16　　⑧12
⑨3　　⑩35
⑪54　　⑫2
⑬63　　⑭9
⑮4　　⑯40
⑰20　　⑱27
⑲21　　⑳4
㉑48　　㉒49
㉓81

おうちの方へ かけ算の答えは、たし算をつかってももとめられますが、九九をおぼえるととてもべんりです。

2 九九②

1
①6　　②8
③12　　④40
⑤5　　⑥9
⑦24　　⑧14
⑨30　　⑩20
⑪7　　⑫24
⑬18　　⑭6
⑮72　　⑯21
⑰56　　⑱54

2
①10　　②12
③18　　④4
⑤35　　⑥27
⑦36　　⑧16
⑨8　　⑩15
⑪36　　⑫2
⑬3　　⑭28
⑮56　　⑯45
⑰12　　⑱32
⑲8　　⑳42
㉑63　　㉒48
㉓72

おうちの方へ まちがえたもんだいは、くりかえしれんしゅうしましょう。

3 何ばいと かけ算①

❶ ①3
　　②しき　2×3=6　　　　答え 6 cm
❷ ①しき　4×2=8　　　答え　8 cm
　　②しき　3×3=9　　　答え　9 cm
　　③しき　2×5=10　　答え　10 cm
　　④しき　5×3=15　　答え　15 mm
　　⑤しき　3×4=12　　答え　12 m

🏠 おうちの方へ　2の3ばいは、2の
3つ分のことです。かけ算をつかいます。
❶ ②2 cm の3つ分と同じだから、
2×3になります。
❷ ①4 cm の2つ分と同じだから、
4×2になります。

4 何ばいと かけ算②

❶ ①しき　3×7=21　　　答え　21 こ
　　②しき　9×6=54　　　答え　54 台
　　③しき　8×5=40　　　答え　40 dL
❷ ①しき　7×4=28　　　答え　28 本
　　②しき　4×5=20　　　答え　20 円
　　③しき　2×9=18　　　答え　18 m
　　④しき　5×6=30　　　答え　30 人

🏠 おうちの方へ　2つのりょうと
ばいのかんけいをりかいして、かけ算を
つかってもとめます。
❶ ①3この7ばいだから、3×7に
なります。
③8 dL の5ばいだから、8×5に
なります。5×8としないように気を
つけましょう。
❷ ②4円の5ばいだから、4×5に
なります。

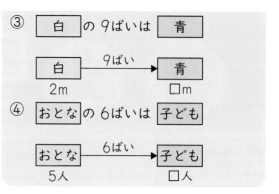

③ 白 の 9ばいは 青

　白 ──9ばい→ 青
　2m　　　　　□m

④ おとな の 6ばいは 子ども

　おとな ──6ばい→ 子ども
　5人　　　　　□人

5 分数①

❶ ①$\frac{1}{2}$、分数
　　②2つ分
❷ ①$\frac{1}{4}$
　　②4つ分
❸ ①ウ
　　②ア
❹ ①$\frac{1}{4}$　②$\frac{1}{2}$　③$\frac{1}{8}$

🏠 おうちの方へ　$\frac{1}{2}$と2ばい、$\frac{1}{4}$と
4ばいという、2つの大きさのかんけい
をりかいしましょう。
❶ ①もとの大きさの半分を、もとの
大きさの$\frac{1}{2}$とあらわします。
❷ ①もとの大きさを、同じ大きさに
4つに分けた1つ分は、もとの大きさの
$\frac{1}{4}$です。
②$\frac{1}{4}$の4つ分は、もとの大きさになります。
❸ ①イは、同じ大きさに分けていない
ので、もとの大きさの$\frac{1}{2}$とはいえません。
❹ ③同じ長さに8つに分けているので、
もとの長さの$\frac{1}{8}$です。

80

❶ ①$\frac{1}{2}$　　　　②$\frac{1}{4}$

　③$\frac{1}{8}$　　　　④$\frac{1}{3}$

❷ ⓦ

❸ ①3、3
　②2、2
　③8、8

🏠 おうちの方へ　もとの大きさがちがう
と、$\frac{1}{2}$や$\frac{1}{3}$の大きさもちがいます。
❶ ③同じ大きさに8つに分けている
ので、もとの大きさの$\frac{1}{8}$です。
❷ $\frac{1}{3}$の3つ分が、もとの長さになります。

$\frac{1}{3}$の長さは、目もり3つ分なので、もと
の長さは、目もり9つ分になります。
❸ ①同じ大きさに2つに
分けた1つ分は、3こです。
3この2つ分は6こです。

③同じ大きさに3つに
分けた1つ分は、8こ
です。8この3つ分は
24こです。
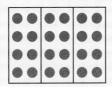

❶ ①6　　　　　②42
　③32　　　　　④45
❷ ①しき　5×4=20　答え　20cm
　②しき　2×8=16　　答え　16L
　③しき　4×6=24　答え　24まい
　④しき　7×9=63　答え　63びき
❸ ①$\frac{1}{3}$　　　　②$\frac{1}{8}$
❹ ①ⓦ
　②$\frac{1}{4}$
　③4ばい
　④12cm

🏠 おうちの方へ　❶　6のだん、7のだん、
8のだんなど、まちがえやすい九九の
だんには気をつけましょう。
❷ ③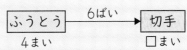
4まいの6ばいだから、4×6になります。
④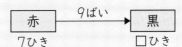
7ひきの9ばいだから、7×9になります。
❸ ②同じ大きさに8つに分けている
ので、もとの大きさの$\frac{1}{8}$です。
❹ ③$\frac{1}{4}$の4つ分が、もとの長さに
なります。
④ⓦのリボンの長さは、⑦の4ばいです。
3cmの4ばいだから、3×4になります。

👑8 何倍でしょう①

❶ ①赤、白、2、8、8
　　②式　8÷2=4　　　　答え　4倍

❷ ①クリップ、4、12
　　②式　12÷4=3　　　　答え　3倍

❸ ①学校から駅、3、15
　　②式　15÷3=5　　　　答え　5倍

🏠おうちの方へ
「□の□倍は□」という2つの数りょうと倍のかん係をみつけることがたいせつです。何倍になるかは、わり算を使ってもとめます。

❶ ②　赤　の□倍は　白
　　　2　×□　＝　8
□をもとめる式は、8÷2 になります。

❷ ②クリップの□倍はえん筆
　　　4　×□　＝　12
□をもとめる式は、12÷4 になります。

❸ ②学校から公園の□倍は学校から駅
　　　3　　×□　＝　15
□をもとめる式は、15÷3 になります。

👑9 何倍でしょう②

❶ ①赤、6、30
　　②式　30÷6=5　　　　答え　5倍

❷ ①お父さん、7、42
　　②式　42÷7=6　　　　答え　6倍

❸ ①あめ、ラムネ、5、50
　　②式　50÷5=10　　答え　10倍

❹ ①バケツ、水そう、2、60
　　②式　60÷2=30　　答え　30倍

🏠おうちの方へ
図にかけないときは、2つの数りょうのどちらが大きいかに注意して、かん係をみつけます。

❶ ②　赤　の□倍は　青
　　　6　×□　＝　30
□をもとめる式は、30÷6 になります。

❷ ②　そら　の□倍はお父さん
　　　7　×□　＝　42
□をもとめる式は、42÷7 になります。

❸ ②　あめ　の□倍はラムネ
　　　5　×□　＝　50
□をもとめる式は、50÷5 になります。

❹ ②バケツの□倍は水そう
　　　2　×□　＝　60
□をもとめる式は、60÷2 になります。

👑10 何倍でしょう③

❶ ①弟、お兄さん、7、56
　　②式　56÷7=8　　　　答え　8倍

❷ ①赤、黒、9、54
　　②式　54÷9=6　　　　答え　6倍

❸ 式　28÷4=7　　　　答え　7倍

❹ 式　72÷8=9　　　　答え　9倍

❺ 式　55÷5=11　　　答え　11倍

❻ 式　48÷4=12　　　答え　12倍

❼ 式　69÷3=23　　　答え　23倍

🏠おうちの方へ
ことばや図で、「□の□倍は□」という2つの数りょうと倍のかん係を表してみましょう。

❶ ②　弟　の□倍はお兄さん
　　　7　×□　＝　56
□をもとめる式は、56÷7 になります。

❷ ②　赤　の□倍は　黒
　　　9　×□　＝　54
□をもとめる式は、54÷9 になります。

❸ アルミかんの□倍はスチールかん

アルミかん　—□倍→　スチールかん
　4こ　　　　　　　　　28こ

$4 \times \square = 28$

□をもとめる式は、$28 \div 4$ になります。

❹ 画用紙 の□倍は 色紙

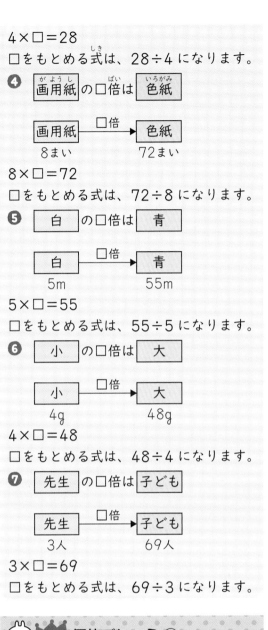

画用紙 ─□倍→ 色紙
8まい　　　　　72まい

$8 \times \square = 72$

□をもとめる式は、$72 \div 8$ になります。

❺ 白 の□倍は 青

白 ─□倍→ 青
5m　　　　55m

$5 \times \square = 55$

□をもとめる式は、$55 \div 5$ になります。

❻ 小 の□倍は 大

小 ─□倍→ 大
4g　　　　48g

$4 \times \square = 48$

□をもとめる式は、$48 \div 4$ になります。

❼ 先生 の□倍は 子ども

先生 ─□倍→ 子ども
3人　　　　69人

$3 \times \square = 69$

□をもとめる式は、$69 \div 3$ になります。

11 何倍でしょう④

❶ ①5、赤、青、10、10
　②式　$10 \div 5 = 2$　　答え　2m

❷ ①2、みお、6
　②式　$6 \div 2 = 3$　　答え　3羽

❸ ①6、ひこうき、12
　②式　$12 \div 6 = 2$　　答え　2時間

おうちの方へ　「□の◯◯倍は◯◯」という2つの数りょうと倍のかん係を

みつけることがたいせつです。

❶ ② 赤 の5倍は 青
　　□ × 5 ＝ 10
□をもとめる式は、$10 \div 5$ になります。

❷ ② 弟 の2倍は みお
　　□ × 2 ＝ 6
□をもとめる式は、$6 \div 2$ になります。

❸ ② ひこうき の6倍は 電車
　　□ × 6 ＝ 12
□をもとめる式は、$12 \div 6$ になります。

12 何倍でしょう⑤

❶ ①3、えん筆、15
　②式　$15 \div 3 = 5$　　答え　5cm

❷ ①4、妹、なお、36
　②式　$36 \div 4 = 9$　　答え　9kg

❸ ①2、サッカーボール、
　　バレーボール、20
　②式　$20 \div 2 = 10$　　答え　10こ

❹ ①4、あめ、グミ、80
　②式　$80 \div 4 = 20$　　答え　20円

おうちの方へ　矢じるしの図の左がわの数りょうをもとめるときは、わり算を使います。

❶ ② 消しゴム の3倍は えん筆
　　□ × 3 ＝ 15
□をもとめる式は、$15 \div 3$ になります。

❷ ② 妹 の4倍は なお
　　□ × 4 ＝ 36
□をもとめる式は、$36 \div 4$ になります。

❸ ② サッカーボール の2倍は バレーボール
　　□ × 2 ＝ 20
□をもとめる式は、$20 \div 2$ になります。

❹ ② あめ の4倍は グミ
　　□ × 4 ＝ 80
□をもとめる式は、$80 \div 4$ になります。

❶ ①4、かご、箱、16
　②式　16÷4=4　　　　答え　4こ

❷ ①5、赤、白、30
　②式　30÷5=6　　　　　答え　6L

❸ 式　18÷6=3　　　　　答え　3dL

❹ 式　72÷9=8　　　　　答え　8こ

❺ 式　48÷8=6　　　　　答え　6こ

❻ 式　66÷3=22　　　　答え　22cm

❼ 式　86÷2=43　　　　答え　43回

🏠 **おうちの方へ**　問題文に「倍」という
ことばがないときは、2つの数りょうと
倍のかん係を「□□の□倍は□□」という
形にいいかえてみましょう。

❶ ②　かご　の4倍は　箱
　　　　□　×　4　=　16
□をもとめる式は、16÷4になります。

❷ ②　赤　の5倍は　白
　　　　□　×　5　=　30
□をもとめる式は、30÷5になります。

❸　コップにはいる水のかさの6倍が
水とうにはいります。

コップ　の6倍は　水とう

コップ ─6倍→ 水とう
□dL　　　　18dL

□×6=18
□をもとめる式は、18÷6になります。

❹　台車　の9倍は　荷台

台車 ─9倍→ 荷台
□こ　　　72こ

□×9=72
□をもとめる式は、72÷9になります。

❺　ゼリー　の8倍は　プリン

ゼリー ─8倍→ プリン
□こ　　　48こ

□×8=48
□をもとめる式は、48÷8になります。

❻　白　の3倍は　青

白 ─3倍→ 青
□cm　　　66cm

□×3=66
□をもとめる式は、66÷3になります。

❼　2年生　の2倍は　3年生

2年生 ─2倍→ 3年生
□回　　　86回

□×2=86
□をもとめる式は、86÷2になります。

❶ ①2、4、3
　式　3×2=6
　　　6×4=24　　　答え　24m
　②3、4
　式　2×4=8
　　　3×8=24　　　答え　24m

❷ ①3、2、小、2
　式　2×3=6
　　　6×2=12　　　答え　12こ
　　（2×3×2=12も正かい）
　②小、2、3、2
　式　3×2=6
　　　2×6=12　　　答え　12こ
　　（2×(3×2)=12も正かい）

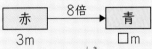
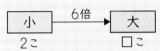
15 何倍でしょう⑧

❶ 2、3、青、黄、2
  式　2×3=6
  　　2×6=12　　　　答え　12 m
  　（2×(2×3)=12 も正かい）

❷ 2、4、小、中、大、3
  式　2×4=8
  　　3×8=24　　　　答え　24こ
  　（3×(2×4)=24 も正かい）

❸ 2、5、びん、水とう、やかん、6
  式　2×5=10
  　　6×10=60　　　答え　60 dL
  　（6×(2×5)=60 も正かい）

❹ 3、3、ふくろ、かご、箱、2
  式　3×3=9
  　　2×9=18　　　答え　18こ
  　（2×(3×3)=18 も正かい）

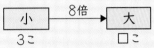
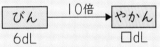
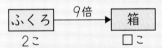
16 何倍でしょう⑨

❶ 5、2、妹、ゆい、お父さん、7
  式　5×2=10
  　　7×10=70　　　答え　70 kg
  　（7×(5×2)=70 も正かい）

❷ 2、3、1回、1日、3日間、12
  式　2×3=6
  　　12×6=72　　　答え　72 L
  　（12×(2×3)=72 も正かい）

❸ 式　2×4＝8
　　10×8＝80　　答え　80 cm
　　（10×(2×4)＝80 も正かい）

❹ 式　3×2＝6
　　20×6＝120　答え　120 円
　　（20×(3×2)＝120 も正かい）

❺ 式　5×6＝30
　　30×30＝900　答え　900 人
　　（30×(5×6)＝900 も正かい）

❻ 式　2×10＝20
　　4×20＝80　答え　80 ページ
　　（4×(2×10)＝80 も正かい）

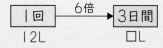
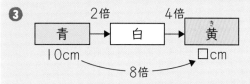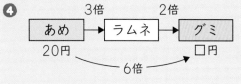
❺
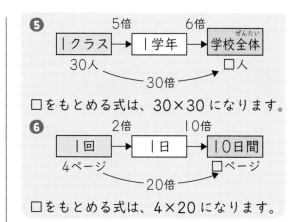
1クラス → 1学年 → 学校全体
5倍　　　6倍
30人　　　　　　□人
30倍
□をもとめる式は、30×30 になります。

❻
1回 → 1日 → 10日間
2倍　　　10倍
4ページ　　　　□ページ
20倍
□をもとめる式は、4×20 になります。

👑 17 まとめのテスト

❶ 式　21÷7＝3　　　　答え　3倍
❷ 式　63÷3＝21　　　答え　21 本
❸ 式　2×9＝18　　　　答え　18 cm
❹ 式　2×5＝10
　　70×10＝700　答え　700 円
　　（70×(2×5)＝700 も正かい）
❺ ①式　8÷4＝2　　　　答え　2 dL
　　②式　8×5＝40　　　答え　40 dL
❻ ①式　36×2＝72　　　答え　72
　　②式　36÷6＝6　　　答え　6
　　③式　36÷9＝4　　　答え　4

③
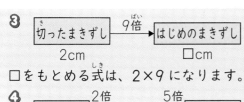

□をもとめる式は、2×9になります。

④

□をもとめる式は、70×10になります。

⑤ ①
```
コップ ──4倍→ 水とう
□dL        8dL
```
□×4＝8

□をもとめる式は、8÷4になります。

②
```
水とう ──5倍→ やかん
8dL         □dL
```
□をもとめる式は、8×5になります。

⑥ ①
```
36m ──2倍→ □m
```
□をもとめる式は、36×2になります。

②
```
6m ──□倍→ 36m
```
6×□＝36

□をもとめる式は、36÷6になります。

③
```
□m ──9倍→ 36m
```
□×9＝36

□をもとめる式は、36÷9になります。

---

❶ ①式　12÷3＝4　　答え　4倍
　②4
❷ ①ふくろ、箱、9、27
　②式　27÷9＝3　　答え　3倍
　③3
❸ ①式　20÷2＝10　　答え　10倍
　②10

もとにする大きさの何倍にあたるかを表した数を、割合といいます。割合は、わり算を使って求めます。

❶ ①
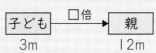
```
子ども ──□倍→ 親
3m          12m
```
3×□＝12

□を求める式は、12÷3になります。

❷ ②ふくろ の□倍は 箱
　　9　×□＝27
□を求める式は、27÷9になります。

❸ ①はじめ の□倍は いま
　　2　×□＝20
□を求める式は、20÷2になります。

---

❶ ①式　8×5＝40　　答え　40m
　②40
❷ ①3、ゾウ、トラック、6
　②式　6×3＝18　　答え　18t
　③3
❸ ①式　11×7＝77　　答え　77才
　②7

「□□の□倍は□□」という2つの数量と倍の関係をみつけ、矢印の図に表して考えましょう。

❶ ①赤 の5倍は 青

```
赤 ──5倍→ 青
8m         □m
```
□を求める式は、8×5になります。

❷ ②ゾウ の3倍は トラック
□を求める式は、6×3になります。

❸ ①はると の7倍は おじいさん
□を求める式は、11×7になります。

20 割合③

1 ①6、いま、2
②式 2×6＝12　答え 12cm
③6

2 ①式 50×3＝150 答え 150円
②3

3 ①10、コップ、水とう、200
②式 200×10＝2000
　　　　　　　　答え 2000mL
③10

4 ①式 13×4＝52　答え 52m
②4

🏠おうちの方へ　矢印の図の右側の数量を求めるときは、かけ算を使います。

1 ② うまれたとき の6倍は いま
□を求める式は、2×6になります。
2 ① みかん の3倍は りんご
□を求める式は、50×3になります。
3 ② コップ の10倍は 水とう
□を求める式は、200×10になります。
4 ① 緑 の4倍は 黄
□を求める式は、13×4になります。

21 割合④

1 ①5、はじめ、いま、4
②式 4×5＝20　答え 20ぴき
③5

2 式 10×4＝40　答え 40kg

3 式 700×3＝2100
　　　　　　　　答え 2100円

4 式 18×5＝90　答え 90cm

5 式 140×2＝280 答え 280本

🏠おうちの方へ　矢印の図に表すことになれましょう。

1 ② はじめ の5倍は いま
□を求める式は、4×5になります。
2 子ども の4倍は おとな
□を求める式は、10×4になります。
3 絵本 の3倍は 図かん
□を求める式は、700×3になります。
4 先月 の5倍は 今月
□を求める式は、18×5になります。
5 赤 の2倍は 白
□を求める式は、140×2になります。

22 割合⑤

1 ①式 24÷4＝6　　　答え 6L
②6

2 ①5、妹、はるか、35、5
②式 35÷5＝7　　　答え 7kg
③7kg

3 ①式 15÷3＝5　　　答え 5分
②5分

🏠おうちの方へ　「□の□倍は□」という2つの数量と倍の関係をみつけましょう。

1 ① 小 の4倍は 大

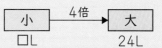

　　　　　　□L　　　　24L
□×4＝24
□を求める式は、24÷4になります。
2 ② 妹 の5倍は はるか
　　　□ × 5 ＝ 35
□を求める式は、35÷5になります。
3 ① 自動車 の3倍は 自転車
　　　□ × 3 ＝ 15
□を求める式は、15÷3になります。

❶ ①9、にわとり、ひよこ、72、9
②式　72÷9＝8　　　答え　8羽
③1

❷ ①式　60÷6＝10　　答え　10 cm
②1

❸ ①4、4年生、1年生、48、4
②式　48÷4＝12　　　答え　12人
③1

❹ ①式　130÷10＝13 答え　13 kg
②1

わからない数量を□と
して、矢印の図に表して考えましょう。
❶ ② にわとり の9倍は ひよこ
□　×　9　＝　72
□を求める式は、72÷9 になります。
❷ ① 銀色 の6倍は 金色
□　×　6　＝　60
□を求める式は、60÷6 になります。
❸ ② 4年生 の4倍は 1年生
□　×　4　＝　48
□を求める式は、48÷4 になります。
❹ ① 子ども の10倍は おとな
□　×　10　＝　130
□を求める式は、130÷10 になります。

❶ ①4、乗用車、バス、12、4
②式　12÷4＝3　　　　答え　3 m
③1

❷ 式　28÷7＝4　　　　　答え　4 mm
❸ 式　78÷6＝13　　　　答え　13 kg
❹ 式　400÷5＝80　　　答え　80 人
❺ 式　360÷3＝120 答え　120 円

矢印の図の左側の数量
を求めるときは、わり算を使います。
❶ ② 乗用車 の4倍は バス
□　×　4　＝　12
□を求める式は、12÷4 になります。
❷ ノート の7倍は 本
□　×　7　＝　28
□を求める式は、28÷7 になります。
❸ 子ども の6倍は 親
□　×　6　＝　78
□を求める式は、78÷6 になります。
❹ 4年生 の5倍は 学校全体
□　×　5　＝　400
□を求める式は、400÷5 になります。
❺ プリン の3倍は ケーキ
□　×　3　＝　360
□を求める式は、360÷3 になります。

❶ ①式　8×8＝64　　　　答え　64 kg
②式　64÷2＝32　　　答え　32 kg
❷ ①式　12×3＝36　　答え　36 まい
②式　36÷6＝6　　　答え　6 まい
❸ ①式　500×2＝1000
答え　1000 mL
②式　1000÷5＝200
答え　200 mL

2つの数量と倍の関係
を矢印の図に表して、かけ算を使うのか、
わり算を使うのかを考えるとよいでしょう。
❶ ① 妹 の8倍は お父さん
□を求める式は、8×8 になります。
② ゆうき の2倍は お父さん
□　×　2　＝　64
□を求める式は、64÷2 になります。

❷ ① ┃ 中 ┃ の3倍は ┃ 大 ┃
□を求める式は、12×3 になります。
② ┃ 小 ┃ の6倍は ┃ 大 ┃
　　　□ × 6 ＝ 36
□を求める式は、36÷6 になります。
❸ ① ┃ M ┃ の2倍は ┃ L ┃
□を求める式は、500×2 になります。
② ┃ S ┃ の5倍は ┃ L ┃
　　　□ × 5 ＝1000
□を求める式は、1000÷5 になります。

26 割合⑨

❶ ①式　18÷6＝3　　　答え　3倍
　②式　16÷4＝4　　　答え　4倍
　③ゴムB
❷ ①式　ゴムA 15÷5＝3
　　　　ゴムB 20÷10＝2
　　　　　　　　　　答え　ゴムA
　②式　10×3＝30　　答え　30cm
❸ 式　ゴムA 40÷10＝4
　　　ゴムB 45÷15＝3
　　　　　　　　　　答え　ゴムA

🏠 おうちの方へ　割合を使うと、もとの
大きさがちがうものでも、くらべること
ができます。
❶ ① ┃もとの長さ┃の□倍は┃のばした長さ┃
　　　　6　　×□ ＝　　18
□を求める式は、18÷6 になります。
② ┃もとの長さ┃の□倍は┃のばした長さ┃
　　　　4　　×□ ＝　　16
□を求める式は、16÷4 になります。
❷ ① ┃もとの長さ┃の□倍は┃のばした長さ┃
ゴムAは、5×□＝15 だから、
□を求める式は、15÷5
ゴムBは、10×□＝20 だから、

□を求める式は、20÷10 になります。
②同じゴムは、いつでも同じように
のびると考えます。
┃もとの長さ┃の3倍は┃のばした長さ┃

┃もとの長さ┃ ─3倍→ ┃のばした長さ┃
　10cm　　　　　　　　□cm
□を求める式は、10×3 になります。
❸ ┃もとの長さ┃の□倍は┃のばした長さ┃
ゴムAは、10×□＝40 だから、
□を求める式は、40÷10
ゴムBは、15×□＝45 だから、
□を求める式は、45÷15 になります。

27 割合⑩

❶ ①式　包帯A 80÷40＝2
　　　　包帯B 60÷20＝3
　　　　　　　　　　　答え　包帯B
　②式　40×3＝120
　　　　　　　　　　　答え　120cm
❷ 式　包帯A 160÷40＝4
　　　包帯B 180÷60＝3
　　　　　　　　　　　答え　包帯A
❸ 式　きゅうり 150÷50＝3
　　　トマト　 200÷100＝2
　　　　　　　　　　　答え　きゅうり
❹ 式　キャベツ 320÷160＝2
　　　レタス　 240÷80＝3
　　　　　　　　　　　答え　レタス
❺ ①式　ゴムA 100÷20＝5
　　　　ゴムB 120÷40＝3
　　　　ゴムC 160÷80＝2
　　　　　　　　　　　答え　ゴムA
　② ゴムB

それぞれの割合を求め
てから、割合をくらべましょう。

❶ ① もとの長さ の□倍は のばした長さ

包帯Aは、40×□＝80 だから、
□を求める式は、80÷40
包帯Bは、20×□＝60 だから、
□を求める式は、60÷20 になります。
②同じ包帯は、いつでも同じように
のびると考えます。

もとの長さ の3倍は のばした長さ

もとの長さ ─3倍→ のばした長さ
　40cm　　　　　　　　□cm

□を求める式は、40×3 になります。

❷ もとの長さ の□倍は のばした長さ

包帯Aは、40×□＝160 だから、
□を求める式は、160÷40
包帯Bは、60×□＝180 だから、
□を求める式は、180÷60 になります。

❸ もとのねだん の□倍は いまのねだん

きゅうりは、50×□＝150 だから、
□を求める式は、150÷50
トマトは、100×□＝200 だから、
□を求める式は、200÷100 になります。

❹ もとのねだん の□倍は いまのねだん

キャベツは、160×□＝320 だから、
□を求める式は、320÷160
レタスは、80×□＝240 だから、
□を求める式は、240÷80 になります。

❺ ① もとの長さ の□倍は のばした長さ

ゴムAは、20×□＝100 だから、
□を求める式は、100÷20
ゴムBは、40×□＝120 だから、
□を求める式は、120÷40
ゴムCは、80×□＝160 だから、
□を求める式は、160÷80 になります。
②同じゴムは、いつでも同じように
のびると考えます。

もとの長さ の□倍は のばした長さ

もとの長さ ─□倍→ のばした長さ
　70cm　　　　　　　　210cm

□を求める式は、210÷70 になります。
求めた割合と同じ割合のゴムをえらびます。

28 何倍でしょう⑩

❶ ①30、3、2
　　式　30÷2＝15
　　　　15÷3＝5　　　　答え　5m
　②30、6、6
　　式　3×2＝6
　　　　30÷6＝5　　　　答え　5m

❷ ①3、3、赤、青、36、3、3
　　式　36÷3＝12
　　　　12÷3＝4　　　答え　4まい
　②赤、青、黄、36、9、9
　　式　3×3＝9
　　　　36÷9＝4　　　答え　4まい

3つの数量と倍の
関係を考えるときは、2とおりの求め方
があります。

❶ ②3倍の2倍だから、3×2＝6

木 の6倍は ビル

木 ─6倍→ ビル
□m　　　　　30m

□×6＝30
□を求める式は、30÷6 になります。

❷ ②3倍の3倍だから、3×3＝9

| 赤 | の9倍は | 黄 |

赤 ─9倍→ 黄
□まい　　　36まい

□×9＝36
□を求める式は、36÷9 になります。

👑29 何倍でしょう⑪

❶ 4、2、妹、弟、こうた、40
　式　4×2＝8
　　　40÷8＝5　　　答え　5kg

❷ 2、2、赤、白、青、48
　式　2×2＝4
　　　48÷4＝12　　答え　12 cm

❸ 2、5、えん筆、ものさし、
　コンパス、500
　式　2×5＝10
　　　500÷10＝50　　答え　50 円

❹ 2、3、紙パック、びん、
　ペットボトル、1500
　式　2×3＝6
　　　1500÷6＝250

　　　　　　　答え　250 mL

🏠 おうちの方へ　3つの数量と倍の関係
を考えるときに、何倍になるかをさきに
考えると、2つの数量と倍の関係に表す
ことができます。

❶　4倍の2倍だから、4×2＝8

| 妹 | の8倍は | こうた |

妹 ─8倍→ こうた
□kg　　　40kg

□×8＝40
□を求める式は、40÷8 になります。

❷　2倍の2倍だから、2×2＝4

| 赤 | の4倍は | 青 |

赤 ─4倍→ 青
□cm　　　48cm

□×4＝48
□を求める式は、48÷4 になります。

❸　2倍の5倍だから、2×5＝10

| えん筆 | の10倍は | コンパス |

えん筆 ─10倍→ コンパス
□円　　　500円

□×10＝500
□を求める式は、500÷10 になります。

❹　2倍の3倍だから、2×3＝6

| 紙パック | の6倍は | ペットボトル |

紙パック ─6倍→ ペットボトル
□mL　　　1500mL

□×6＝1500
□を求める式は、1500÷6 になります。

👑30 小数倍①

❶ ①式　15÷10＝1.5　答え　1.5 倍
　　②式　18÷10＝1.8　答え　1.8 倍

❷ ①白、黒、2、3
　　式　3÷2＝1.5　　　答え　1.5 倍
　②1.5
　③白、緑、2、5
　　式　5÷2＝2.5　　　答え　2.5 倍
　④2.5

🏠 おうちの方へ　倍を表す数が小数にな
ることもあります。

❶ ①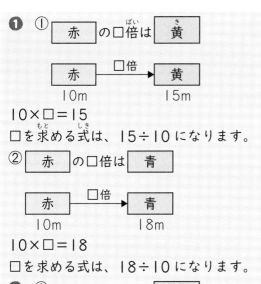
赤 の□倍は 黄

赤 ──□倍→ 黄
10m   15m

10×□＝15
□を求める式は、15÷10になります。

② 赤 の□倍は 青

赤 ──□倍→ 青
10m   18m

10×□＝18
□を求める式は、18÷10になります。

❷ ① 白 の□倍は 黒

白 ──□倍→ 黒
2L   3L

□を求める式は、3÷2になります。
②1.5倍とは、白のバケツにはいる量を1としたとき、黒のバケツにはいる量が1.5にあたる大きさという意味です。

③ 白 の□倍は 緑

白 ──□倍→ 緑
2L   5L

2×□＝5
□を求める式は、5÷2になります。
④2.5倍とは、白のバケツにはいる量を1としたとき、緑のバケツにはいる量が2.5にあたる大きさという意味です。

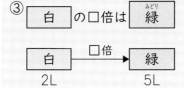

31 小数倍②

❶ ①1回目、2回目、5、6
　　式　6÷5＝1.2　　答え　1.2倍
　②1回目、3回目、5、11
　　式　11÷5＝2.2　　答え　2.2倍
❷ ①はやと、りお、15、21

　　式　21÷15＝1.4　答え　1.4倍
②はやと、あおい、15、27
　　式　27÷15＝1.8　答え　1.8倍

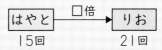 おうちの方へ　❷ はやとさんがとんだ回数を、もとの大きさの1と考えます。

① はやと の□倍は りお

はやと ──□倍→ りお
15回   21回

15×□＝21
□を求める式は、21÷15になります。

② はやと の□倍は あおい

はやと ──□倍→ あおい
15回   27回

15×□＝27
□を求める式は、27÷15になります。

32 小数倍③

❶ ①茶、白、30、33
　　式　33÷30＝1.1　答え　1.1倍
　②茶、青、30、45
　　式　45÷30＝1.5　答え　1.5倍
❷ ①いつき、お姉さん、35、42
　　式　42÷35＝1.2　答え　1.2倍
　②いつき、お父さん、35、77
　　式　77÷35＝2.2　答え　2.2倍

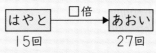 おうちの方へ　❷大きさの順にならんでいないことに注意して、矢印の図に表しましょう。

① いつき の□倍は お姉さん

いつき ──□倍→ お姉さん
35kg   42kg

35×□＝42

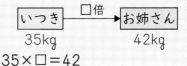

□を求める式は、42÷35 になります。

② | いつき |の□倍は| お父さん |

| いつき | ──□倍→ | お父さん |
　35kg　　　　　　　　77kg

35×□＝77

□を求める式は、77÷35 になります。

👑33 小数倍④

❶ ①ゼリー、プリン、200、240
　式　240÷200＝1.2
　　　　　　　答え　1.2倍

②ゼリー、ケーキ、200、360
　式　360÷200＝1.8
　　　　　　　答え　1.8倍

❷ ①かん、ペットボトル、250、600
　式　600÷250＝2.4
　　　　　　　答え　2.4倍

②かん、びん、250、800
　式　800÷250＝3.2
　　　　　　　答え　3.2倍

🏠 **おうちの方へ**　問題文をよくよんで、「□の□倍は□」という2つの数量と倍の関係にあてはめて考えましょう。

👑34 まとめのテスト

❶ 式　63÷9＝7　　　答え　7倍
❷ 式　50×8＝400　答え　400kg
❸ 式　87÷3＝29　　答え　29足
❹ 式　ゴムＡ 24÷8＝3
　　　ゴムＢ 20÷4＝5
　　　　　　　答え　ゴムＢ

---

❺ 式　黄のゴムひも 15×4＝60
　　　緑のゴムひも 10×5＝50
　　　　　　答え　黄のゴムひも

❻ 式　2×4＝8
　　　32÷8＝4　　　答え　4m

❼ 式　300÷120＝2.5 答え　2.5倍

🏠 **おうちの方へ**　ことばや図で2つの数量と倍の関係を表して考えましょう。

❺ 黄のゴムひもは、
| もとの長さ |の4倍は| のばした長さ |
□を求める式は、15×4 になります。
緑のゴムひもは、
| もとの長さ |の5倍は| のばした長さ |
□を求める式は、10×5 になります。

❻ 2倍の4倍だから、2×4＝8
| 木 |　の8倍は| マンション |

| 木 | ──8倍→ | マンション |
　□m　　　　　　　　32m

□×8＝32
□を求める式は、32÷8 になります。

👑35 しあげのテスト1

❶ 式　8×6＝48　　　答え　48 mL
❷ ①$\frac{1}{4}$　②$\frac{1}{8}$
❸ 式　14÷7＝2　　　　答え　2倍
❹ 式　3×8＝24　　　答え　24 cm
❺ 式　84÷4＝21　　　答え　21まい
❻ 式　包帯Ａ 90÷30＝3
　　　包帯Ｂ 80÷20＝4
　　　　　　　答え　包帯Ｂ
❼ ①式　700÷250＝2.8
　　　　　　　答え　2.8倍
　②式　900÷250＝3.6
　　　　　　　答え　3.6倍

94

🏠 おうちの方へ

1 8mL の 6つ分と同じだから、8×6 になります。

2 ②もとの大きさを、同じ大きさに 8つに分けた 1つ分は、もとの大きさの $\frac{1}{8}$ です。

3

| 赤 | の□倍は | 青 |

| 赤 | →□倍→ | 青 |
| 7本 | | 14本 |

7×□=14
□を求める式は、14÷7 になります。

4

| 切ったカステラ | →8倍→ | はじめのカステラ |
| 3cm | | □cm |

□を求める式は、3×8 になります。

5

| 弟 | の4倍は | かなた |

□ × 4 = 84
□を求める式は、84÷4 になります。

6

| もとの長さ | の□倍は | のばした長さ |

包帯Aは、30×□=90 だから、
□を求める式は、90÷30
包帯Bは、20×□=80 だから、
□を求める式は、80÷20 になります。

7 ①

| S | の□倍は | M |

| S | →□倍→ | M |
| 250mL | | 700mL |

250×□=700
□を求める式は、700÷250 になります。

②

| S | の□倍は | L |

| S | →□倍→ | L |
| 250mL | | 900mL |

250×□=900
□を求める式は、900÷250 になります。

🐱36 しあげのテスト2

1 ①45　　②8　　③42

2 ⑦

3 式　36÷9=4　　　　答え　4羽

4 式　2×25=50
　　　6×50=300
　　　　　　　　　　答え　300題
（6×(2×25)=300 も正かい）

5 式　2×6=12　　　答え　12 m

6 式　2×2=4
　　　68÷4=17　　　答え　17 cm

7 ①式　1800÷1500=1.2
　　　　　　　　答え　1.2 倍
②式　3900÷1500=2.6
　　　　　　　　答え　2.6 倍

🏠 おうちの方へ

2 $\frac{1}{4}$ の 4つ分が、もとの長さになります。$\frac{1}{4}$ の長さは、目もり 4つ分なので、もとの長さは、目もり 16 こ分になります。

3

| すずめ | の9倍は | はと |

| すずめ | →9倍→ | はと |
| □羽 | | 36羽 |

□×9=36
□を求める式は、36÷9 になります。

4 2倍の 25 倍だから、2×25=50

□を求める式は、6×50 になります。

5

| オートバイ | の6倍は | バス |

□を求める式は、2×6 になります。

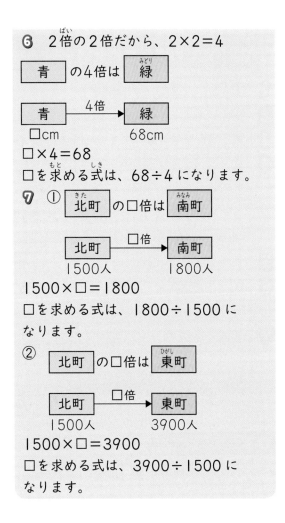

❻ 2倍の2倍だから、2×2＝4

| 青 | の4倍は | 緑 |

青 ──4倍──▶ 緑
□cm   68cm

□×4＝68
□を求める式は、68÷4 になります。

❼ ① | 北町 | の□倍は | 南町 |

北町 ──□倍──▶ 南町
1500人   1800人

1500×□＝1800
□を求める式は、1800÷1500 に
なります。

② | 北町 | の□倍は | 東町 |

北町 ──□倍──▶ 東町
1500人   3900人

1500×□＝3900
□を求める式は、3900÷1500 に
なります。